LES

LAVOIRS DE PARIS

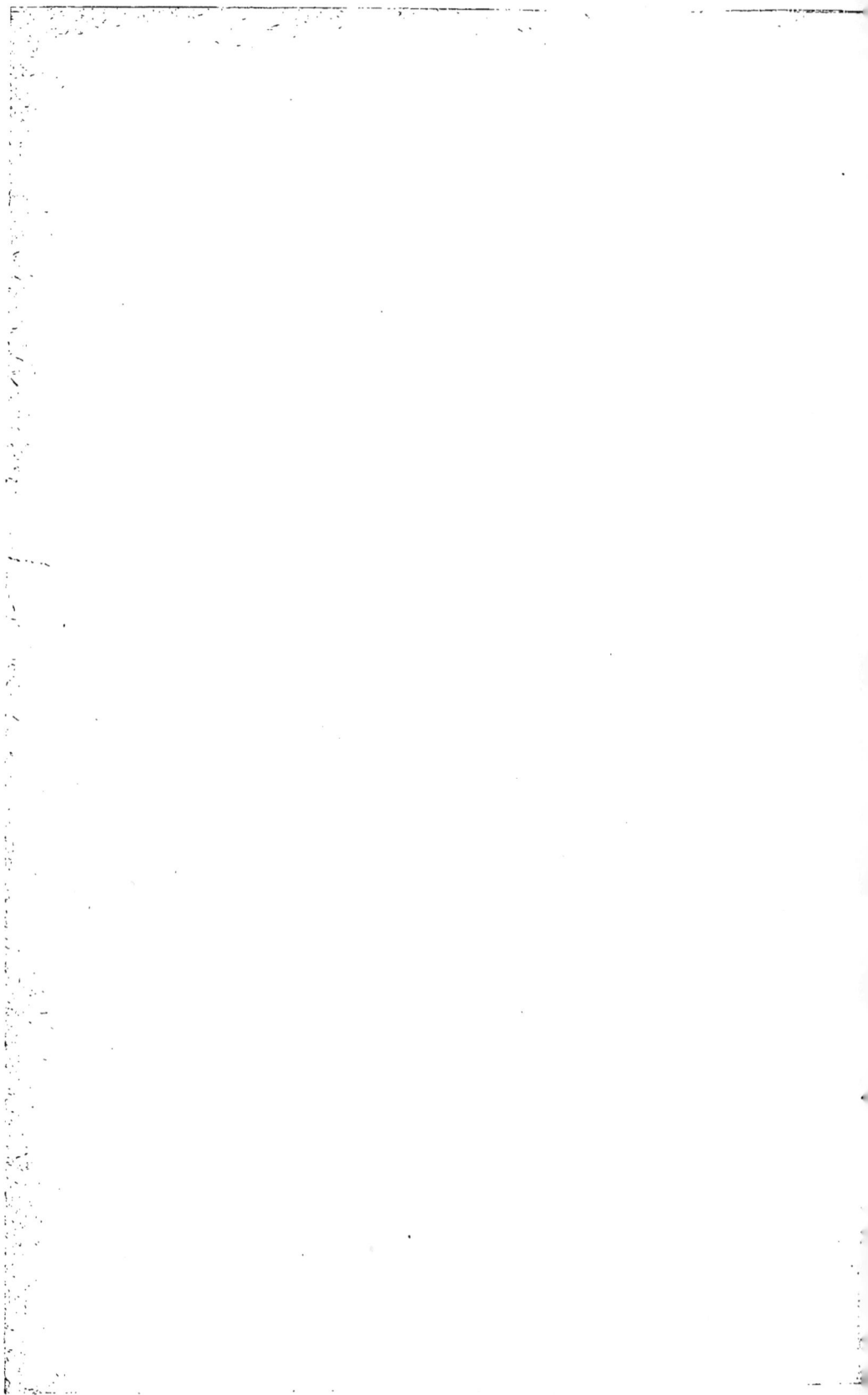

LES
LAVOIRS DE PARIS

PAR

J. MOISY

Fondateur et ancien Président de la Chambre syndicale des Lavoirs de Paris

Vice-Président de la Chambre syndicale des Bains de Paris

Auteur des *Eaux de Paris*, — *1869*

PARIS

IMPRIMERIE DE E. WATELET

55, Boulevard Edgar Quinet, 55

1884

Fig. 1. — TYPE D'UN LAVOIR MODERNE

PRÉFACE

Le but de cette notice est d'encourager, s'il se peut, la création de Lavoirs publics dans les villes manufacturières.

Les progrès de l'Industrie ont amené dans ces cités un grand nombre de travailleurs qui, la plupart du temps, ne peuvent que très mal se loger, et n'en ont que plus besoin d'établissements leur offrant certains des principaux éléments d'hygiène si nécessaires à la vie.

Point n'est besoin de stimuler cette création à Paris, car partout où la population se porte, immédiatement un ou plusieurs lavoirs se montent aussitôt (*).

Créateur de la Chambre syndicale des Lavoirs de Paris, dont, pendant huit ans, j'ai eu l'honneur d'être le Président, j'ai recueilli et annoté toutes les observations propres au développement de cette industrie; ces observations, je les

---

(*) L'an dernier, à Paris, un grand nombre de lavoirs nouveaux ont été créés dans des quartiers plus ou moins bien choisis.

ai condensées dans cette brochure dans laquelle je ne traite la question des lavoirs qu'au point de vue technique.

Je serais heureux que ce modeste travail pût être de quelque poids dans la construction de ces établissements que je ne crains pas de qualifier « d'utilité publique », et dont l'influence sanitaire et même moralisatrice ne peut faire de doute pour personne.

Les lavoirs publics combattent efficacement les penchants à la malpropreté; l'ouvrier dont le linge est propre jouit d'une meilleure santé et d'un esprit plus sain que celui qui vit dans des conditions négligées.

Je crois fermement que les villes dans lesquelles les édiles auraient encouragé et même subventionné des deniers municipaux la création de lavoirs publics, verraient leurs dépenses remboursées par la plus-value des impôts frappant ces établissements, ainsi que leur produit de consommation habituelle.

Œuvre philanthropique d'un côté, rémunératrice de l'autre, on voit que le résultat est digne de l'attention de ceux qui dirigent une grande ville.

Puissent-ils être favorablement impressionnés par ces quelques lignes !

J. MOISY

Ancien Président de la Chambre syndicale
des Lavoirs de Paris

LES

LAVOIRS DE PARIS

LES LAVOIRS A LEUR ORIGINE

————

Les lavoirs, à Paris, sont maintenant considérés comme établissements d'utilité publique; les services qu'ils rendent à la population ouvrière sont assez signalés pour leur mériter la vogue dont ils jouissent. Eh bien ! le croirait-on, ils sont restés très-longtemps sans « prendre (*) » et la clientèle de ces établissements, si prompte cependant à saisir tout ce qui peut lui être utile, n'est venue que petit à petit.

D'après la dernière statistique qui remonte déjà à 1881, Paris comptait 2 269 023 habitants.

Ce chiffre s'est encore accru depuis.

On a beaucoup construit, beaucoup embelli, sans se préoccuper des besoins de cette immense population ouvrière qui, obligée de fuir devant la cherté toujours croissante des loyers, a dû se réfugier, se masser, pour ainsi dire, dans certains quartiers excentriques, où la modicité des loyers lui permet encore d'habiter.

————

(*) Terme commercial consacré.

Mais hélas ! ce bas prix relatif du loyer est trop souvent la résultante de l'exiguïté et de l'insalubrité du local. On voit des familles nombreuses obligées de s'entasser dans des logements trop petits, contrairement à toutes les règles de l'hygiène.

Dans ces modestes demeures, on ne possède rien de ce qui serait pourtant si nécessaire d'y rencontrer; et comme on est aussi pauvre d'écus que de linge, il faut, pour être propre, contrairement au proverbe, aller souvent laver dehors le linge de la famille.

Il n'y a pas suivant nous de besoin plus pressant pour cette intéressante population que la propreté du linge.

HISTORIQUE DES LAVOIRS

Le premier lavoir établi à Paris fut un bateau sur la Seine, dit la Sirène, qui réunissait les appareils les plus perfectionnés de ce temps, (voyez Bulletin de Férussac, tome XII).

Malheureusement, cet établissement, qui devait servir de modèle, fut détruit par les glaces pendant les grands froids de l'hiver de 1830; et, il faut le dire, à la honte de cette époque, tous les blanchisseurs de profession applaudirent à cette destruction qui les débarrassait d'une concurrence dangereuse (Rouget de l'Isle, Encyclopédie Roret).

Cette concurrence, prétendue dangereuse, rappelle celle que les chemins de fer devaient faire aux chevaux. Tout serait perdu; on achèterait les chevaux pour rien.

Et maintenant malgré les chemins de fer, tramways, omnibus, voitures, il n'y a pas dans Paris assez de moyens de locomotion, les chevaux sont hors de prix, précisément à cause des chemins de fer qui ont décuplé leur travail.

Je crois qu'il en a été de même pour les lavoirs et le blanchissage ; plus il y a de moyens de faire, plus on s'en sert; on change de linge deux, trois, quatre fois, au lieu d'une seule, et tout le monde y trouve son compte, comme profit, hygiène, propreté et santé.

En 1849, le gouvernement provisoire voulut s'occuper des lavoirs publics; le 11 juillet 1850, Armand de Melun fit un rapport à l'Assemblée nationale au nom de la Commission chargée du projet de loi « tendant à l'ouverture d'un crédit de 600 000 frs. pour favoriser la création d'établissements modèles de bains et lavoirs au profit des classes laborieuses ».

Les considérations de ce rapport furent très-belles et méritent d'être citées :

« La propreté n'est pas seulement une condition de santé, elle
« profite encore à la dignité, à la moralité humaine, elle assainit,
« elle embellit le plus pauvre réduit, la mansarde la plus misérable,
« et suppose dans les familles, même les plus indigentes, le senti-
« ment de l'ordre, l'amour de la régularité et une lutte énergique
« contre l'action dissolvante de la misère; tandis qu'un logement
« malpropre, des vêtements souillés, engendrent à la fois les maladies
« et le désordre et deviennent les indices certains de cette insou-
« ciance du devoir, de cette paresse, de ce laisser-aller, symptômes
« infaillibles d'une âme languissante et inerte dans un corps
« dégénéré.

Nous n'ajouterons rien à la citation que nous venons de reproduire, tant il nous semble qu'elle fait bien ressortir la nécessité de ces établissements.

Cet exposé sincère et éloquent pouvait faire espérer la réalisation du programme, les fonds furent votés et l'on créa un établissement nommé : Bains et Lavoirs du Temple.

Malheureusement ceux qui furent chargés de l'exécution ne s'inspirèrent pas assez des besoins et des habitudes de la population ouvrière qui y était intéressée.

En 1853, ils allèrent en Angleterre voir ce que l'on y avait fait; sans approfondir la question, ils chargèrent des ingénieurs anglais de la partie technique.

Les architectes dépensèrent beaucoup pour faire un bâtiment de belle apparence, sans se préoccuper suffisamment du but qu'il devait remplir et de l'effet utile.

Nullement en rapport avec les besoins de la population, ce lavoir n'eut aucun succès; les procédés étaient onéreux ou insuffisants, cet établissement était condamné lorsque, heureusement pour lui, la construction de la mairie du 3e arrondissement vint l'exproprier.

Les autres lavoirs de Paris établis à cette époque par les particuliers étaient d'une installation précaire.

Trop insalubres pour être recherchés, leur revenu était insuffisant pour permettre aux propriétaires de faire une installation confortable.

A cette époque (1850) il y avait aussi beaucoup de tolérance dans les propriétés, on lavait dans les cours. Le séchage aux fenêtres était toléré, il existait beaucoup de terrains non bâtis où il était permis d'étendre son linge, il était possible de se passer du lavoir où on ne faisait pas encore les bonnes lessives qui devaient tant faciliter le blanchissage et créer l'industrie des lavoirs.

C'est ce qui explique que de 1830 à 1850, les lavoirs semblent avoir peu progressé, du moins comme nombre, car le rapport de MM. Trelat et Gilbert en compte à peine quatre-vingts en 1850 (rapport de MM. Trelat et Gilbert, représentants du peuple, sur les lavoirs de Paris en 1850).

Et quelle installation ! Nous allons en dire deux mots.

LEUR INSTALLATION A L'ORIGINE

Prenons pour exemple un des premiers établis, celui qui occupait, faubourg Poissonnière, l'emplacement actuel de la rue d'Abbeville.

Cet établissement contenait au plus quarante places très-resserrées. Le cassin primitif de coulage, c'est-à-dire cette sorte de grande cuiller pour verser la lessive sur le cuvier y brillait dans toute sa beauté.

Le seau de lessive, le seau d'eau chaude, se vendaient 0f10 chacun, la place coûtait 0f10 l'heure, les produits nécessaires au blanchissage variaient de prix dans les mêmes proportions. Joignez à cela un local noir, mal éclairé le soir (*), dénué de ventilation, et par conséquent rempli de buée toute la journée, quelque temps qu'il fit, et vous aurez, je crois, l'explication du peu de succès d'une entreprise qui aurait dû, dès son apparition, être honorée de tous les suffrages des classes laborieuses, et non délaissée comme elle le fut par elles.

Et cependant, on conviendra que l'abandon était bien justifié.

Selon moi, la cause la plus directe de cette non-appréciation des avantages que pouvaient offrir les lavoirs publics, fut certainement cette installation défectueuse que nous venons d'indiquer, leur mauvaise direction et enfin la routine.

Ajoutons que les critiques intéressées ne manquèrent pas.

De temps immémorial, le blanchissage s'opérait dans la banlieue de Paris, et cette nouvelle industrie des lavoirs, faisant le blanchissage dans la ville même, à la portée de tous, allait devenir un concurrent redoutable pour les blanchisseurs de la campagne.

Pour vaincre ces préjugés, que fallait-il ? offrir à cette clientèle la tranquillité, un confort relatif et des moyens faciles de bien blanchir, c'est ce programme que l'on a cherché à réaliser comme on le verra par la suite.

PREMIERS PERFECTIONNEMENTS

D'autres lavoirs, qui se montèrent ensuite profitèrent de l'ex-

(*) Les ouvrières, à cette époque, devaient s'éclairer elles-mêmes avec chandelles, lampes, etc., etc.

périence acquise par leurs devanciers, tout en laissant encore bien à désirer sous tous les rapports.

L'outillage était encore rudimentaire : une ébullition dite *simple*, pas de machines, pas de générateur, pas de pompes. Et de fait, ils n'avaient pas besoin de pompes, puisque la Ville de Paris, plus généreuse que la Compagnie des eaux, leur fournissait l'eau pour savonner, largement jaugée, à 2f,50, au lieu de 10 et 12 francs que les lavoirs durent payer par les tarifs de 1860 (voir les tarifs des eaux, Août 1846; 28 novembre 1851, lavoirs (spécial); 22 mars 1853, particuliers; 1860, tarif général. J. Moisy, *Eaux de Paris* 1868) (*).

Cette abondance d'eau permit aux propriétaires de lavoirs, d'installer dans leurs établissements de grands bassins où, après avoir savonné son linge dans un baquet, la ménagère venait le rincer à l'eau de Seine courante.

Seulement elle devait, pour passer ce linge au bleu, pomper elle même l'eau nécessaire à cette opération.

Ces bassins étaient quelquefois le sujet de graves discussions entre les ouvrières. En effet, certaines d'entre elles, sans faire attention à leurs voisines de côté ou de face, rinçaient des couleurs très-sales qui troublaient l'eau, bien que courante, tandis que d'autres laveuses rinçaient des bonnets, des rideaux, ou du linge fin autour d'elles.

Ces bassins ont aujourd'hui complètement disparu, sauf dans un seul lavoir rue Jean Nicot; leur alimentation au prix actuel des concessions d'eau revenant trop cher.

(*) Le nouveau tarif de 1881 a diminué de moitié le prix du tarif de 1860 pour les eaux de l'Ourcq, de la Seine et de la Marne. — Les eaux dites de source : Dhuys, Vanne, etc., conservent les prix de 1860.

De chaque côté du dit bassin, un baquet seulement pour savonner, passer au blanc ou au bleu. Nulle trace de boîte pour garantir les jambes de l'opératrice; en un mot, aucun confort pour le lavage et le blanchissage du linge.

Qu'il arrivât le moindre accident à l'ébullition, le seul outil industriel de l'établissement, et on lavait le linge non coulé.

LES MAITRES DE LAVOIRS

Une autre cause d'insuccès était aussi une entente mal comprise de leurs intérêts par les propriétaires de lavoirs. Au lieu de se servir de produits chimiques de première qualité, ils prenaient au contraire des qualités inférieures à bas prix, pour se procurer des bénéfices plus grands.

Lorsque je pris mon premier lavoir, en 1854, j'avoue que je fus fort surpris d'entendre dire à mes garçons que la confection d'une bonne lessive était contraire à mes intérêts, que plus les ouvrières auraient de peine à savonner leur linge, plus elles resteraient longtemps, et plus j'encaisserais d'heures de lavoir, de seaux de lessive, d'eau chaude, d'eau de Javel, de savon, etc., etc.

Je m'informai chez mes voisins d'abord, puis plus loin, et je vis partout pratiquer cette étrange théorie.

Je ne pouvais suivre un tel système, je fus condamné d'avance à une ruine certaine, prédiction qui ne m'intimida pas.

Petit à petit, la bonne lessive prit pied dans le quartier, et s'étendit au loin, pour le plus grand bien des ouvrières dont les mains se ressentirent rapidement de cette amélioration, sans que ma caisse en souffrit.

Aujourd'hui, une maison faisant de mauvaises lessives verrait sa clientèle déserter en masse.

Joignez à tout cela de la part des propriétaires de lavoirs et de leurs employés une politesse laissant quelquefois à désirer, envers des clientes apportant cependant leur argent. On comprendra facilement l'hésitation, la crainte pour une partie de la clientèle, et la meilleure, d'entrer dans ces maisons dont la scène du lavoir, dans l'*Assommoir* de M. Zola, a certainement forcé la note comme tenue, aujourd'hui tout autre qu'à cette époque de tâtonnements.

Vous n'entendez plus de ces dialogues réalistes et peu académiques entre ménagères et blanchisseuses; le maître du lavoir ou le gérant intervient et les fait cesser immédiatement.

Enfin, parmi toutes ces causes s'opposant à la réussite des lavoirs, une surtout, la promiscuité du linge dans le cuvier, fut une des plus puissantes à enrayer l'avénement du blanchissage industriel.

Comment comprendre d'abord, et faire comprendre ensuite, que malgré le mélange du linge jeté pêle-mêle dans un même récipient au fur et à mesure de son arrivée au lavoir, l'opération de la lessive donnerait un excellent résultat.

On ignorait que le lessivage n'est qu'une saponification aussi complète que possible, se faisant d'autant mieux que l'on opère sur une quantité de linge avec des produits choisis, à vase clos, à une température graduée maintenant la lessive au degré nécessaire pendant toute la durée de l'opération.

Ce linge ainsi lessivé, puis lavé et rincé, est plus sain que traité par toutes les opérations similaires en apparence, qui prirent, par la suite, le nom de lessives américaines, japonaises, pour lesquelles on aura trié avec soin le linge avant de le mettre dans ces engins, décorés pompeusement du nom de lessiveuses, et que nous déclarons n'être que la suite des anciens bouillages des blanchisseuses de fin de Paris.

Ajoutons aussi que ces anciens bouillages furent rapidement délaissés à l'avénement de lavoirs mieux établis.

Malgré cette opinion sur ces prétendues lessiveuses, nous ne pouvons en méconnaitre l'utilité partout où les facilités du lavoir n'existent pas et surtout dans les familles où il y a beaucoup d'enfants.

Ainsi, à Rueil, près Paris, pays des blanchisseurs par excellence ; la colonie bourgeoise qui y habite l'été, faisait savonner le linge par les bonnes, après bouillage, qui à l'américaine, qui à la japonaise, au lieu de le donner aux blanchisseurs de la localité.

Un industriel étant venu monter un lavoir à Nanterre, put rapporter coulé le lendemain le linge ramassé sale la veille, toutes les lessiveuses bourgeoises restèrent au repos, et, l'idée progressant, un lavoir vient de s'installer à Rueil même, pour faire le service de la ville.

Cela confirme bien, selon nous, les excellents résultats donnés par la bonne installation, la tenue convenable des lavoirs (quoique laissant encore à désirer) et que les préjugés, la routine, ont dû céder le pas, dans cette branche d'industrie, comme dans les autres, aux idées modernes pratiques, ainsi que le veut la loi du progrès.

Nous avons résumé de notre mieux, et selon nous, les différentes causes qui nuisirent à la vulgarisation des lavoirs à Paris, industrie que nous exploitons depuis trente ans.

INSTALLATION ACTUELLE

Nous allons maintenant prendre les lavoirs dans leur installation actuelle, puis chercher tous les perfectionnements utiles à leur prospérité, au bien-être de la clientèle, tout en rendant leur construction économique et productive.

Il existe aujourd'hui dans Paris environ 300 lavoirs; en ajoutant à ce nombre ceux de la banlieue, on arrive au chiffre de 350, mais nous ne nous occuperons que des lavoirs de Paris.

Chaque lavoir contenant en moyenne cent places de laveuses, nous avons donc trente mille places; défalquons une perte moyenne d'un dixième de places inoccupées, surtout les derniers jours de la semaine, et nous arrivons au chiffre réel de 25 à 27 000 places de laveuses par jour.

Prenons comme base le chiffre rond de 25 000 laveuses laissant au lavoir une moyenne de 1 fr., 50 par jour, somme décomposée comme suit :

Coulage...........................	0f 60
Place.............................	0 40
Jetons (*)........................	0 50
Total	1f 50

(*) Les jetons représentent 5 centimes en eau chaude, lessive, etc.

Si la laveuse prend tous ses produits à la maison : savon, carbonate, puis le séchoir ou l'essoreuse, on arrive au chiffre de 1 fr., 80 par place, ou (1.80 × 25 000) 45 000 fr. par journée de travail, soit à raison de 286 jours de travail par an 12 870 000 francs de recette brute pour les lavoirs (nous comptons 286 jours de travail ainsi répartis : cinq journées pleines par semaine et une demi-journée le dimanche.

Sur les 25 000 places, la moitié est occupée par des blanchisseuses à la pièce, payées par leurs maîtresses à raison de 4 francs par jour, ce qui fait de ce chef un salaire de 14 300 000 francs.

L'autre moitié est considérée comme occupée par les ménagères ne comptant pas leur temps, mais qui cependant pourraient l'employer ailleurs fructueusement. En comptant ce temps la moitié du prix payé aux blanchisseuses, nous obtiendrons encore un salaire de 7 150 000 francs.

QUELQUES CHIFFRES DU BLANCHISSAGE A PARIS

En totalisant ces trois sommes nous arrivons à un chiffre de 34 à 35 millions pour le blanchissage du linge dans les lavoirs de Paris, en faisant remarquer que le travail des lavoirs ne comporte que la moitié de l'opération, puisqu'il faut que le linge au sortir de la maison soit séché, apprêté et repassé.

Nous donnerons du reste, à leur place, les prix du linge à la pièce demandés par les laveuses du lavoir, et celui du blanchissage complet; mais, dès à présent, nous pouvons dire qu'il faut doubler le chiffre de 35 millions pour l'opération complète du blanchissage; c'est donc 70 millions de capitaux déplacés annuellement pour le linge blanchi dans les lavoirs de Paris.

Si nous ajoutons à ce chiffre celui des bateaux de la Seine et du canal, nous arriverons certainement à 80 millions

Nous aurions voulu placer, en regard de ces chiffres, le capital engagé dans le blanchissage spécial de la banlieue de Paris ou déplacé par lui, comme salaire des ouvriers, mais nous manquons à cet égard d'éléments précis.

Voici cependant quelques chiffres que nous devons à l'obligeance de M. Drouard, président de la Chambre syndicale des blanchisseurs et buandiers des départements de la Seine et Seine-et-Oise.

D'après la statistique dressée par la Chambre syndicale des blanchisseurs en 1879 :

1° BLANCHISSEURS-BUANDIERS

Le nombre des blanchisseurs-buandiers serait d'environ 2840, répartis dans 281 communes des départements de la Seine et de Seine-et-Oise, occupant environ 45400 ouvriers, hommes et femmes.

2° BLANCHISSEURS DE LINGE FIN

Presque tous dans l'intérieur de la Ville de Paris, dont l'origine date de temps immémorial; mais leur importance industrielle commença vers 1825.

Cette partie de blanchisseurs de linge de Paris et des environs occupe 55000 ouvrières, lavandières et repasseuses.

3° BLANCHISSEURS APPRÊTEURS DE RIDEAUX

Spécialités créées vers 1855, au nombre de 12 entrepreneurs environ, occupant en moyenne 165 ouvriers, hommes et femmes.

4° BLANCHISSEURS APPRÊTEURS DE LINGE NEUF

Au nombre de 30 entrepreneurs, occupant en moyenne 1300 ouvriers, hommes et femmes.

A part ceux-ci, on compte une quantité de petits entrepreneurs dont le nombre est inappréciable.

RÉCAPITULATION DU PERSONNEL

Occupé au blanchissage du linge à l'usage domestique et industriel dans Paris et aux environs.

		Hommes	Femmes
1° Blanchisseurs-buandiers.......	Patrons .	2.840	2.840
	Ouvriers	5.680	34.080
2° Blanchisseurs de linge fin, Patrons et Ouvriers.			55.000
3° Blanchisseurs de rideaux......	Patrons .	12	12
	Ouvriers	48	96
4° Blanchisseurs apprêteurs de neuf	Patrons .	30	30
	Ouvriers	150	1.100
		8.760	
5° Bateaux et lavoirs, patrons et ouvriers....		1.302	
Totaux............		10.062	93.158

RÉCAPITULATION

Hommes...................... 10.062

Femmes...................... 93.158

Total 103.220

Ces chiffres sont éloquents et font ressortir la question capitale du blanchissage de Paris sous toutes ses faces. Nous voudrions voir les lavoirs de Paris suivre cette marche ascendante, chercher les progrès sagement réalisables et imiter leurs *confrères* de la blanchisserie suburbaine.

Nous ne pouvons nous empêcher, en présence de ces chiffres, de songer à l'indifférence avec laquelle la Ville de Paris a jusqu'ici accueilli nos demandes de jouir du bénéfice d'entrepositaires comme industriels brûlant plus de 100.000 kilog. de charbon par an ; ce bénéfice d'entrepôt est cependant bien justifié par la concurrence de la blanchisserie de la banlieue dégagée de nos charges et de bien d'autres encore.

Il existe, avons-nous dit plus haut, 300 lavoirs dans Paris, tous ne sont pas d'une installation parfaite ; le manque de place pour s'agrandir, le plus ou moins d'intelligence dans la construction, l'absence de capitaux, l'économie mal comprise, la cherté excessive des terrains, telles sont les principales causes pour lesquelles l'installation de nos établissements peut souvent laisser à désirer.

La moyenne du prix du loyer d'un lavoir qui était de deux à quatre mille francs autrefois, est aujourd'hui de quatre à six mille francs, quelques lavoirs même paient huit mille, dix mille et jusqu'à douze mille francs de loyer. La main-d'œuvre a augmenté, les réparations mécaniques aussi, et nos prix sont restés les mêmes qu'aux débuts de cette industrie, preuve certaine de l'immense développement de nos affaires qui restent toujours prospères, malgré l'accroissement énorme des charges.

Quand on établit un lavoir il faut de suite le monter d'une façon hors ligne, afin d'éviter les réparations industrielles toujours fort chères.

Cette règle est celle suivie depuis quelques années; aussi les nouveaux établissements créés sont-ils appelés, selon nous, à rendre de précieux services, tant au point de vue hygiénique qu'au point de vue de la bonne exécution du travail.

Les lavoirs sont classés dans Paris en deux catégories selon les quartiers; dans ceux du centre, ils sont fréquentés plus spécialement par les ouvrières des blanchisseuses de fin appelées vulgairement piéçardes ou piéceuses. Ces ouvrières travaillent pour leur compte, elles vont chez la blanchisseuse compter les pièces à emporter, les mettent en paquets pour le coulage, les apportent, les mouillent ou les font apporter et mouiller par les garçons de l'établissement.

Le lendemain elles savonnent, rincent et font essorer le linge, puis le reportent ou le font reporter, toujours par les garçons du lavoir à la blanchisseuse, leur maîtresse.

Elles payent par conséquent tous les frais du lavoir, ce sont les marchandeuses en un mot, comme les menuisiers, les parqueteurs, et elles ont jusqu'à cinq et même dix ouvrières à leur service.

L'OUVRIÈRE BLANCHISSEUSE A PARIS

Qu'on me permette ici une courte digression au sujet de l'ouvrière blanchisseuse de Paris, sur le compte de laquelle on a beaucoup dit, beaucoup écrit même ; sa moralité a été l'objet de critiques plus ou moins vraies, elle vaut certainement mieux que la réputation qui lui a été faite si souvent.

Elle a bon cœur, forte en gueule, je le veux bien, commme la fille de Madame Angot, elle n'est pas moins forte en bons sentiments ; qu'un accident, un chômage, frappe une de ses voisines, qu'une quête soit organisée dans le lavoir, elle donne toujours, même si la bénéficiaire est une ennemie de la veille.

Elle a aussi l'amour de son métier, plus qu'aucune autre ouvrière dans n'importe quelle partie, et il est pourtant dur, le métier, l'ouvrière blanchisseuse commence à six heures du matin, ne prend qu'une heure pour déjeuner et travaille jusqu'à huit heures ou huit heures et demie du soir, soit environ treize ou quatorze heures par jour.

Rentrée chez elle, mouillée jusqu'aux os, il lui faut préparer la soupe du mari, des enfants, et ne se coucher qu'après avoir rempli toutes les obligations du ménage.

Le lendemain elle remettra toutes humides ses hardes de la veille pour recommencer tous les jours cette rude existence.

Combien connaissons-nous d'ouvriers qui quitteraient bien vite ce travail dur et continu.

Nous mettons en parallèle les prix payés à ces ouvrières spéciales pour le linge pris sale et rendu mouillé et essoré, et les prix du blanchissage et repassage complets :

	Linge coulé lavé et essoré seulement	Le même avec blanchis. et repassage complets et rendu à domicile
1 Couverture coton.....................	1ᶠ »	2ᶠ »
1 Id. laine	1.50	2.50
1 Flèche calicot.....................	0.75	1.50
1 Paire rideaux	0.60	de 1 à 1.50
1 Paire draps........................	0.40	0.50
1 Taie d'oreiller....................	0.05	0.10
1 Chemise d'homme....................	0.15	0.40
1 Chemise de femme	0.10	0.20 à 0.25
1 Chemise d'enfant...................	0.07	0.20
1 Caleçon	0.15	0.25
1 Camisole..........................	0.10	0.20 à 0.30
1 Pantalon de femme..................	0.10	0.25
1 Pantalon d'homme (drap)............	0.40	0.75
1 Gilet de flanelle..................	0.15	0.30
1 Gilet de coton.....................	0.15	0.25
1 Tablier de femme...................	0.075	0.10
1 Tablier de cuisine.................	0.05	0.10
1 Mouchoir...........................	0.025	0.05
1 Torchon............................	0.025	0.05
1 Serviette	0.025	0.05

Comme on le voit, et nous l'avons dit plus haut, l'action spéciale de nos établissements ne comporte que la moitié du travail complet du blanchissage, et les chiffres de 75 millions par année que nous avons donnés plus haut pour le blanchissage à Paris, au moyen des lavoirs, ne sont pas exagérés.

LAVOIRS DU CENTRE. — LA PIÉÇARDE

On commence à y installer des laveuses mécaniques, si utilement employées dans les blanchisseries de la banlieue. C'est surtout dans les lavoirs du centre que ces machines doivent réussir, où la blanchisseuse à la pièce l'emporte, et où le morcellement de l'ouvrage est moins grand que dans les lavoirs de ménagères. Ces engins suppriment complétement le battage, le chiennage (brossage à la brosse de chiendent abîmant beaucoup le linge) et surtout la torsion du linge trop souvent répétée entre les mains des ouvrières.

MACHINES A LAVER

Nous ajouterons que les machines à laver ont commencé à faire leur apparition dans les lavoirs depuis quelques années seulement, et cependant elles sont en usage depuis plus de trente ans dans toutes les blanchisseries, petites ou grandes, de la banlieue de Paris.

C'est à elles que l'on doit, en quelque sorte, les premiers essais du blanchissage mécanique.

Nous nous rappelons les débuts de ces engins, les tâtonnements et surtout leur fabrication. Figurez-vous un tonneau dans lequel on clouait des tringles de bois, sur lesquelles le linge se balançait, s'emmêlait, et retombait dans un liquide versé par une porte pratiquée dans ledit tonneau.

Puis vint un perfectionnement, la machine octogone inventée par M. Boucher, de Rueil.

Ces machines étaient adaptées à un manège conduit par un cheval montant l'eau du puits en même temps; de là, une marche saccadée, irrégulière, marquée par les temps d'arrêt ou de reprise du cheval.

On retrouvait quelquefois, lorsque le cheval n'était pas habitué à ce travail, tout le linge massé dans un côté du tonneau, tel qu'on l'avait mis, et le liquide de l'autre.

Puis, de perfectionnements en perfectionnements, nous sommes arrivés aujourd'hui aux machines actuelles, bien mieux construites, et bien mieux conduites, surtout d'une façon bien plus régulière, car maintenant presque tous les lavoirs sont pourvus de machine à vapeur et de chaudières.

Nul doute que tous les nouveaux lavoirs qui se monteront à Paris ou ailleurs, ne s'empressent d'ajouter les machines à laver à leur installation, surtout dans les quartiers où les blanchisseuses à la pièce sont nombreuses. Du reste, avec les tendances de plus en plus accentuées de ces ouvrières spéciales à se servir d'agents destructeurs pour le blanchissage, tels que le chlorure de chaux et l'eau de Javel concentrée, qu'elles emploient sans méthode, sans mesure, sans discernement, au risque de se paralyser les mains pour le reste de leur vie, en brûlant le linge qui leur est confié, nous croyons que ce dernier n'aura qu'à y gagner et elles aussi pour leur santé.

Il existe aussi une autre partie de clientèle qui pourra prendre le chemin des lavoirs par l'adjonction de machines à laver.

Beaucoup de blanchisseuses de fin de Paris, — et elles sont nombreuses, — ne voulant pas confier leur linge aux piéçardes des lavoirs pour les causes décrites plus haut, le donnent aux blanchisseurs de la banlieue de Paris qui le rapportent lavé et séché, opérations spéciales du lavoir de Paris.

Seulement, elles doivent attendre ce linge retour de la banlieue trois ou quatre jours, elles ont ensuite à l'apprêter, le repasser et le reporter enfin aux clients.

Lorsqu'elles trouveront à leur porte un moyen facile de faire toutes ces opérations dans la même journée, nous croyons qu'elles donneront la préférence aux lavoirs.

Du reste, par les chiffres donnés plus haut, nous avons prouvé que dans les grandes villes il en est pour le blanchissage comme pour la locomotion, plus vous avez de moyens, plus vous vous en servez, et tout le monde y trouve son compte.

Nous pourrions même nous permettre, sans prétention scientifique, d'ajouter un paragraphe au rapport de la Faculté de médecine sur les diverses apparitions du choléra à Paris et sur sa décroissance meurtrière aux dernières périodes :

« Nous croyons que les habitudes de propreté prises par les « classes laborieuses de Paris, sont une des principales causes de la « bénignité du choléra à ses dernières apparitions. »

Nous avons la ferme conviction que la machine à laver s'impose et s'imposera. Tous les lavoirs modernes monteront cette excellente machine, et nous citons à l'appui de notre dire la lettre suivante :

« Pour vous donner une idée des services que peut rendre une

« machine à laver, surtout dans les lavoirs où la place manque,
« voici ce que j'ai jait dans les quatre premiers jours de la semaine
« qui a commencé le 18, présent mois :

    « Lundi 18 ... Coulage 83 fr. 30 — 29 Tournées
    « Mardi 19...   id.   65 fr. 35 — 23   id.
    « Mercredi 20. id.   59 fr. 35 — 19   id.
    « Jeudi 21.... id.   77 fr. 90 — 35   id.

   « Je ne donne pas cela comme la moyenne de mon éta-
« blissement, car j'ai ordinairement un peu moins de coulage, mais
« les personnes compétentes comprendront que le prix du coulage
« étant moins élevé à Clichy que dans Paris, il faut que la machine
« fasse beaucoup pour satisfaire pleinement ma clientèle dans un
« lavoir de 70 places.

   « La dépense moyenne en produits chimiques pour chaque
« tournée est de 0 fr. 45; le charbon, l'usure du matériel et la main-
« d'œuvre peuvent être estimés pour la même somme, soit en comp-
« tant très largement 1 fr. ; les tournées rapportent 2 fr. et il est facile
« pour des torchons, couleurs et lainages de prendre davantage, car
« après expérience, quand le travail est bien fait, les clientes
« n'hésitent pas à payer 2 fr. 50 et même 3 fr.

   « J'ai l'honneur d'être, votre tout dévoué,

       « L. DALLEMAGNE »

   M. L. Dallemagne, notre confrère, parle là de la machine à laver à double enveloppe, de MM. Pierron et F^d Dehaître.

— 31 —

LAVEUSES A DOUBLE ENVELOPPE A DEUX COMPARTIMENTS

Voici en quoi consiste cette machine (fig. 2) :

Elle se compose d'une enveloppe fixe et d'un tambour cylindrique

Fig. 2. — Machine à laver à double enveloppe à 2 compartiments (*)

en tôle galvanisée perforée tournant dans cette enveloppe pleine. Le liquide est contenu dans l'enveloppe fixe, le linge à laver est placé

(*) Nous devons ces clichés à l'obligeance de MM. Pierron et F. Dehaitre, les constructeurs bien connus.

dans le tambour mobile, on saisit de suite le très grand avantage d'une telle disposition; la seule dans laquelle le liquide et le linge ne sont pas agités ensemble. Le linge, au contraire, emporté par le mouvement du cylindre, passe et repasse dans la partie supérieure du liquide qui est la plus propre et subit ainsi le lavage le plus com-

Fig. 3. — Machine à laver à double enveloppe à 2 compartiments à moteur direct

plet et le plus rationnel que l'on puisse désirer. Quand nous aurons dit que l'on peut rincer dans ces machines, nous aurons suffisamment établi leur incontestable et incontestée supériorité, consacrée par de nombreuses installations.

Ces machines, comme le montre le dessin, sont divisées en deux compartiments, la production est double et on peut satisfaire deux clientes à la fois; un de nos confrères a même subdivisé en deux chaque compartiment pour donner satisfaction aux ménagères qui n'ont pas assez de linge pour prendre un compartiment tout entier, il a obtenu ainsi d'excellents résultats.

Mais souvent il arrive qu'il serait, sinon impossible, du moins très onéreux, d'établir une transmission pour actionner une laveuse, alors on a recours à la laveuse à moteur direct, représentée ci-contre (fig. 3); comme l'essoreuse à moteur direct, elle peut se placer partout et il suffit d'une simple conduite de vapeur pour lui donner le mouvement.

Les lavoirs du centre n'ont pas que des piéçardes comme clientes, ils reçoivent aussi des ménagères, mais en très petit nombre, soit que dans ces quartiers le commerce retienne la femme chez elle, soit toute autre cause. Toujours est-il que la ménagère est très rare là ou la piéçarde se trouve. Peut être la ménagère (et nous avons été témoin du fait) trouve-t-elle plus commode de donner son ouvrage à cette dernière plus habile et plus expéditive.

LAVOIRS DE L'ANCIENNE BANLIEUE. — LA MÉNAGÈRE

Les lavoirs de ménagères sont surtout situés dans les quartiers excentriques formant l'ancienne banlieue.

Là les femmes de ménage, pour la plupart femmes d'ouvriers, mères de famille, viennent, après la conduite des enfants à l'école, passer deux ou trois heures, plusieurs fois par semaine, selon les besoins du ménage.

L'armoire de la famille étant loin d'être pleine de linge, comme en province, où la lessive se fait deux fois par an, les ménagères viennent apporter la blouse ou le bourgeron du mari, après avoir bien recommandé le cher paquet au couleur, et le lavent sans se servir de brosse, ni abuser d'eau de Javel (*).

(*) Puisque je viens de prononcer le nom d'eau de Javel, qu'il me soit permis d'en dire deux mots. Il y a deux sortes d'eau de Javel, la première dont on se sert depuis longtemps et dont les effets sont très bénins, puis l'eau de Javel concentrée.

EAU DE JAVEL CONCENTRÉE

Cette eau de Javel entre malheureusement de plus en plus dans les habitudes des ouvrières fréquentant les lavoirs de Paris. Nous disons malheureusement, car son emploi demande à être réglé méthodiquement et il n'en est pas ainsi.

Un litre de cette essence doit être versé dans trente litres d'eau avant de s'en servir.

Mais sous prétexte de taches à enlever, on s'en sert au cinquième, au dixième, au vingtième, et quelquefois pure au lieu d'un trentième.

Aussi le linge qui reçoit ce liquide corrosif, selon le degré capricieux accepté par l'ouvrière, n'a plus de taches, mais peu de temps après il n'y a plus de linge.

Tout cela aux dépens de la santé de ces ouvrières imprudentes, qui, sous prétexte d'économiser quelque peine, jouent la durée du linge et leur propre existence.

Et l'exemple pernicieux des ouvrières blanchisseuses étant suivi trop souvent par les ménagères nous voyons ces dernières aller chez l'épicier le plus proche du lavoir acheter dix centimes, vingt centimes de cette dangereuse drogue. Nous lui donnons ce qualificatif bien mérité, quand elle est mal employée.

Cette eau de Javel concentrée était une excellente invention; pourquoi a-t-elle été détournée du but poursuivi par son inventeur ?

En effet si nous ne nous occupons que des lavoirs de Paris, le transport de l'eau de Javel ordinaire des fabriques, très-éloignées souvent, demandait un nombreux personnel, des chevaux, des voitures, des emballages, des touries, souvent brisées, etc.

Si nous évaluons ce transport à au moins 100000 kilog. par semaine, pour l'eau de Javel ordinaire, l'eau de Javel concentrée ne demandant qu'une simple bouteille

En un mot, elles dorlotent ce précieux butin de famille dont la propreté porte la santé, le bien-être pour tous les leurs.

Autrefois il fallait attendre huit jours que le blanchisseur de gros vînt rapporter le linge, quelque besoin qu'on eût d'en changer.

Quand les lavoirs de Paris n'auraient à leur actif que ces considérations philanthropiques, on ne pourrait que se féliciter de leur institution ; mais ils ont encore donné du travail à un nombre considérable de femmes dont ils ont porté le salaire à quatre francs par jour. Ces quatre francs joints au salaire du mari ont certes apporté une aisance relative dans certains ménages naguère bien gênés.

Dans les lavoirs publics, le blanchissage d'une famille peut se faire aux conditions suivantes :

1º Coulage de 20 et quelques pièces de linge, formant ensemble la valeur de deux paquets à 0^f 10 chacun....... 0^f 20

2º 4 heures de lavage à 0^f 05 l'heure.............. 0 20

3º Deux seaux d'eau chaude.................... 0 20

4º Savon et divers 0 35

5º Temps employé pour l'essorage, le lavage, l'aller et le retour, 7 heures à 0^f 20, les 10 heures de travail n'étant comptées que 2 francs........................... 1 40

Total.................2^f 35

---

de double litre pour 60 litres d'eau ne comporte plus qu'un transport d'environ 12000 kilog ; soit une économie de transport, de près de 90000 kilog. par semaine pour le même service.

Il est bien évident que l'emploi de laveuses lavant le linge à fond réduira presqu'à néant l'emploi de ce dangereux produit, cela sera un grand bienfait et pour les blanchisseuses et pour le linge.

A cette dépense doit encore s'ajouter celle relative au blanchissage des draps, un par quinzaine, soit 0 fr. 20 de plus ou 2 fr. 55, somme totale.

La ménagère n'a en fin de compte que 1 fr., 05 à débourser, le prix du temps employé par elle formant plus de la moitié de la somme totale 2 fr. 55.

Évaluons à 60 francs par tête, et par an, le blanchissage dans la classe ouvrière, à 80 francs dans la classe moyenne; laissons de côté celui de la classe riche moins nombreuse, mais se blanchissant plus comme compensation de la classe malheureuse ou .... indifférente, bien plus nombreuse, mais pour laquelle le blanchissage est inconnu, et nous aurons une moyenne de 70 francs par an sur une population moyenne d'environ $2\,269\,023 \times 70$, soit 158 831 610 francs de blanchissage par an.

Que nous avions donc raison, en commençant, de parler de l'importance de notre industrie, du chiffre d'affaires qu'elle comporte.

Ne parlons même que pour mémoire de la population flottante des maisons meublées, des hôtels.

En huit jours (dit le *Rappel* du 24 mars 1883) du 14 au 21 mars 1883, il est entré dans Paris, 24 930 voyageurs, dont 8 724 français ayant déclaré venir de la banlieue ou de la province, 3 305 étrangers et 12 907 ayant changé de domicile. Il est sorti 23 420 voyageurs pendant la même période.

INSTALLATION ACTUELLE

———

Nous avons décrit l'installation sommaire des premiers lavoirs de Paris; nous allons maintenant décrire de notre mieux l'installation actuelle.

Prenons, comme type, un lavoir de 100 à 120 places doubles, nous compterons, un cuvier en tôle galvanisée (fig. 4), une chaudière

Fig. 4. — Cuvier en tôle galvanisée

à vapeur de 8 à 10 chevaux (fig. 5), une machine de 3 à 4 chevaux, verticale (fig. 6), ou horizontale (fig. 7); le modèle vertical tient moins de place et sera préféré dans bien des cas, deux essoreuses, deux réservoirs pour l'eau de Seine et l'eau de puits, une pompe, etc., etc.

Ces cent places doivent avoir chacune un baquet à savonner, derrière, un baquet à rincer, une boite à laver pour ne pas se mouiller, et un seau pour prendre l'eau chaude et la lessive.

Dans notre gravure du frontispice représentant un lavoir, on reconnaîtra facilement les machines et appareils que nous venons d'énumérer, on y remarque aussi un séchoir à air chaud dont nous reparlerons ci-après. MM. Pierron et Fd Debaître ont bien voulu nous prêter leurs clichés.

LES EAUX

Les pompes doivent fournir, indépendamment de la concession de la Ville, environ 100 mètres cubes d'eau de puits par jour.

Nous avons dit plus haut que les premiers lavoirs construits étaient exclusivement alimentés à l'eau de Seine ou de l'Ourcq; nous devons faire connaître ici les causes de l'intrusion de l'eau de puits dans les lavoirs.

L'EAU DE PUITS

On se souvient des tendances administratives de M. Haussmann, préfet de la Seine sous l'empire, dont le but était de refouler du centre de Paris vers les barrières toutes les industries employant des

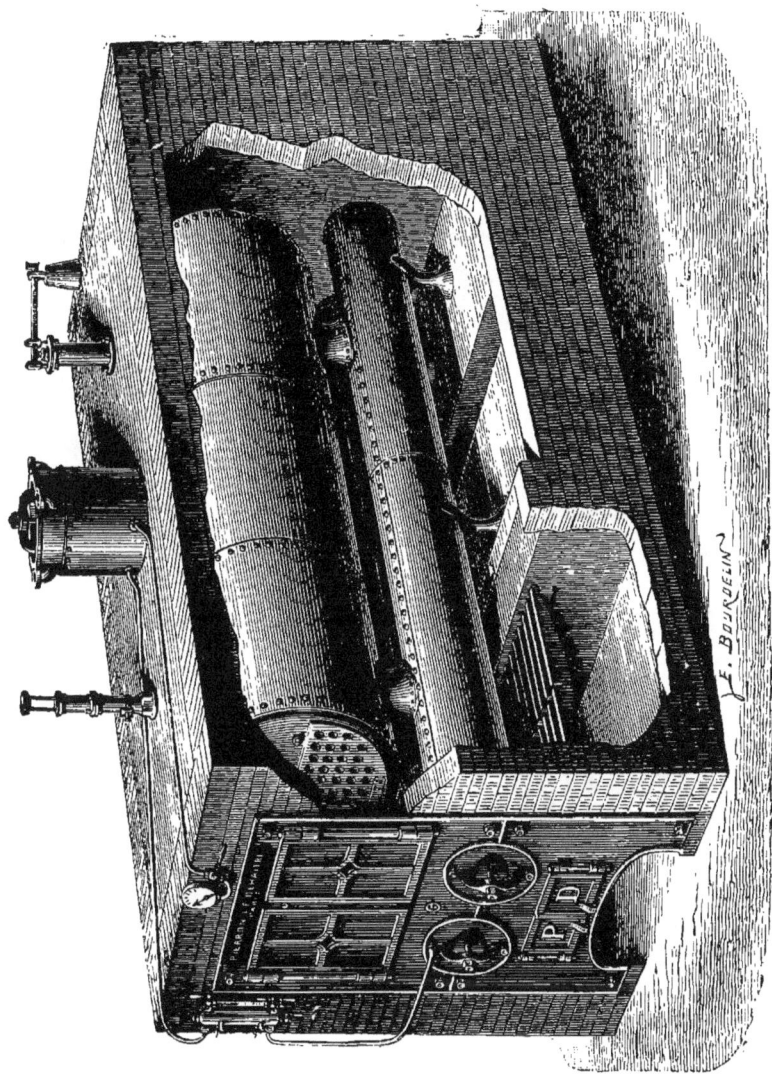

Fig. 5. — Chaudière à vapeur horizontale, semi-tubulaire à bouilleurs

Fig. 6. — Machine à vapeur verticale

DEMAITRE A SOISSONS

Épuie Domecke

Fig. 7. — Machine à vapeur horizontale

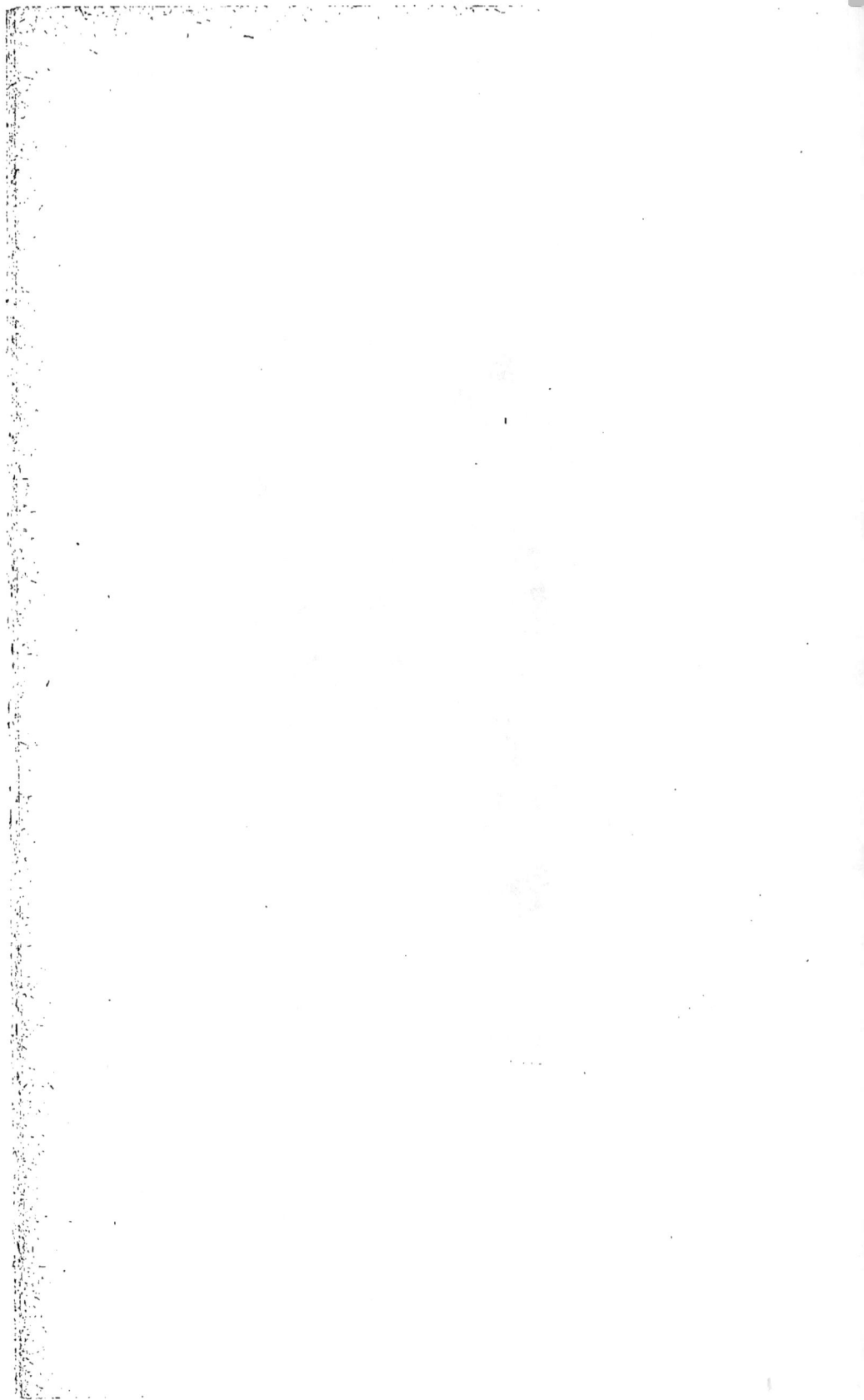

ouvriers, contingent toujours redoutable aux yeux du régime de l'époque.

Il semblait vouloir débarrasser la grande ville de la lèpre industrielle et de sa suite.

Les lavoirs durent donc suivre leur clientèle qui se déplaçait et passer comme elle les anciens murs d'enceinte.

Le prix de l'eau de Seine ne permettant tout au plus que la concession nécessaire à l'alimentation du lessivage, on dut chercher un moyen économique d'avoir de l'eau pour le rinçage du linge.

Les uns montèrent des manèges actionnés par des chevaux, d'autres des générateurs qui ne servirent d'abord qu'à monter l'eau, au moyen d'une pompe et d'un petit moteur, qu'ils adaptèrent ensuite à leur ébullition. C'est de là qu'est sorti le matériel actuel remplaçant l'anodine petite chaudière à ébullition.

Aujourd'hui l'eau de puits joue le plus grand rôle dans les lavoirs, elle a complètement détrôné l'eau de Seine, de Marne ou de source.

Si cette eau est meilleure que l'eau savonneuse pour le rinçage, elle n'est cependant pas sans défauts. Ainsi nous voudrions qu'après son savonnage, le linge prit son premier bain de rinçage dans l'eau de Seine, puis son second, c'est-à-dire son passage au bleu, dans l'eau de puits, usage pour lequel cette dernière est surtout destinée.

Le passage trop brusque du linge de son eau de savonnage à l'eau de puits, surtout celle de Paris si mauvaise et si calcaire, durcit beaucoup les tissus en leur enlevant leur souplesse si agréable à la peau. Je reproche aussi à l'eau de puits d'être la cause d'une funeste habitude prise par les laveuses à la pièce, au détriment de leur santé et du linge qui leur est confié. Avec l'eau de Seine, de Marne, ou de l'eau équivalente, il est impossible de faire le traditionnel bain de chlorure de chaux, avec l'eau de puits, au contraire, tout est possible, et dans quelle proportion grand Dieu, c'est-à-dire sans mesure aucune. Nous avons vu des laveuses en arriver à ne plus pouvoir remuer les doigts, tout cela pour avoir voulu économiser leur peine journalière en abusant de l'usage du chlorure de chaux ; économie bien mal entendue en vérité, mais qu'aucune observation n'a pu faire cesser.

Voilà comment l'eau de puits fit son entrée dans les lavoirs de la banlieue de Paris, qui furent annexés en 1860, comment commença le coulage mécanique, et comment le blanchissage de la grande banlieue suivant l'exemple donné par Paris, certains établissements de Boulogne et de Rueil devinrent des modèles du genre.

Ceci dit, revenons à notre sujet :

Notre lavoir peut donc, comme nous l'avons dit plus haut, dépenser ses 100 mètres cubes d'eau de rinçage par jour. Nous allons décrire la façon dont s'opère l'arrivée du linge, sa mise au cuvier, sa sortie, sa distribution, etc., etc.

FONCTIONNEMENT DU LAVOIR

Le lundi, le lavoir ouvre ordinairement entre onze heures et midi, quelques savonneuses n'ayant pu venir le dimanche forment seules le public ; c'est le jour des réparations.

Vers 4 heures, les ménagères apportent leurs petits paquets. S'il n'y en a qu'un seul, on attache après un numéro de zinc correspondant à celui d'un livre à souche (*) tenu par la caissière de l'établissement, même opération s'il y en a plusieurs à la même personne, mais on s'arrange pour que le numéro de zinc soit toujours visible.

Les garçons de lavoirs vont chercher le linge des blanchisseuses de fin, le mouillent et le mettent au cuvier au fur et à mesure de l'arrivée et du mouillage, le *couleur* (**) l'encuve et sur chaque lit de linge verse une eau rendue alcaline par la dissolution d'une certaine quantité de sel de soude dans un appareil à double fond, pour retenir sur le fond supérieur les impuretés de la soude ; il a soin de projeter son liquide surtout sur les taches qu'il aperçoit en tassant son linge par couches régulières.

Nous avons toujours été surpris de la précision presque mathématique du *couleur*, qui arrive, en soupesant à la main chaque paquet, à savoir, quand il connaît bien son cuvier, quelle est la quantité de sel de soude qu'il doit mettre pour la quantité de linge reçu et encuvé. Nous avons vu souvent cet employé, après avoir attendu en vain l'addition du coulage de la caissière occupée, faire lui-même l'appoint du sel nécessaire à l'opération et n'avoir, quand il connaissait le chiffre exact de l'addition du livre de coulage, qu'un écart d'un franc ou deux sur cinquante ou soixante francs de coulage.

Voici les bases approximatives du poids du linge pesé à la main

---

(*) Voir le modèle à la fin.

(**) Ainsi nommé dans l'argot des lavoirs parce que c'est lui qui surveille le coulage de la lessive.

par les *couleurs*, et celles du poids réel pour composer le mélange de sel de soude et d'eau nécessaire à la réussite de l'opération.

Le poids du linge sec dans les lavoirs est à peu près de 2 kilogs par paquet moyen de 0 fr., 10. Ce poids double après l'essangeage, c'est-à-dire quand le paquet mouillé est prêt à mettre au cuvier.

Sur un cuvier contenant mille kilogs de linge sec, ou deux mille kilogs de linge mouillé, correspondant à une recette de 50 francs à raison de 0 fr. 05 le kilog sec, on met ordinairement 25 kilogs de sel de soude Malétra ou Solvay, de 82 à 85 degrés, pour 500 ou 600 litres d'eau selon l'eau restée dans le linge en l'encuvant.

Au dessus de 1 000 kilogs de linge sec, on peut réduire de moitié la quantité de sel de soude nécessaire à la lessive ; c'est-à-dire, que pour chaque 100 kilogs en plus on peut se contenter de mettre 1 kil., 250 de sel, car le volume d'eau qu'il faut en plus est insignifiant. Il y a donc avantage à avoir de grands cuviers, pouvant contenir beaucoup de linge, on économise ainsi sel et combustible.

En effet, si nous comptons, pour chauffer un cuvier de 1 000 kilogs, 5 heures avec de bons appareils, nous trouvons qu'il ne faudra guère plus d'une heure ou deux de supplément pour chauffer un cuvier de 2 000 kilogs.

Quelques chiffres vont nous faire ressortir clairement le résultat :
5 heures de chauffage avec des fines mêlées, Charleroi et Mons à 28 fr. les 1 000 kil. usent 150 kil à 28 fr. soit................ 4ᶠ 20
25 kil. de sel de soude à 28 fr. les 100 kil, font........ 6 »

soit une dépense de combustible et de sel de............ 10ᶠ 20

Pour la même opération sur un cuvier de 2000 kilogs, nous compterons 7 heures à 30 kilogs de charbon brûlés par heure, soit

210 kilogs à 28 francs les 1000 kilogs 5f 88

37 kilogs de sel à 28 francs les 100 kilogs. 10 50

                        Total 16 38

au lieu de 2 fois 10f,20 ou 20f,40.

La différence au profit du grand cuvier est donc de 4f,02.

Quand tout le linge est dans le cuvier, on baisse le couvercle et on commence l'opération du coulage, opération qui dure ordinairement de 4 à 5 heures, selon que le passage de la lessive se fait librement, d'après la force numérique du générateur, la rentrée plus ou moins verticale du liquide, la disposition intelligente des appareils et les soins du chauffeur.

Beaucoup d'appareils de lessivage sont en usage : appareils Decoudun, Duvoir, Bouillon et Muller, etc., mais l'appareil le plus usité dans les lavoirs est un perfectionnement de l'appareil Duvoir, je crois, c'est-à-dire la pression de vapeur faisant office du Giffard de la bouteille alimentaire dans le récipient à lessive.

Voici en quoi consiste ce système : vous prenez une prise de vapeur de 0m,030 à 0m,035 sur votre générateur, puis vous formez culotte avec tubulure portant deux robinets, dont l'un dessert un serpentin légèrement troué, qui prend le fond d'un récipient contenant environ 250 à 300 litres de lessive ; l'autre robinet est ajusté à un tuyau formant pression sur les parois du récipient, et pouvant projeter à volonté la lessive sur le cuvier à tous les degrés voulus, lorsque l'appareil à lessive contient assez d'air pour permettre ce refoulement, résultat très facile à obtenir si **on** a le soin de ne pas laisser emplir l'appareil.

Lorsque l'on commence à chauffer, on envoie le liquide d'abord à 20° puis à 25° en continuant graduellement jusqu'à 100°, limite qu'on ne doit pas dépasser pour obtenir un bon résultat ; on ouvre le robinet du serpentin chauffeur, puis quand la lessive ne fait plus de bruit dans l'appareil, on doit fermer le robinet chauffeur et ouvrir le robinet de pression pour envoyer la lessive sur le cuvier.

Si on opère avec le serpentin seul qui commence à 100° et plus, pour monter jusqu'à 150 et même 200°, on échaude son linge, on y fait des taches et on le rend impropre au savonnage.

Avec ces appareils on doit commencer pour 1 000 kil. de linge sec ou 2 000 kil. de linge mouillé, avec 700 ou 800 litres d'eau alcaline à 2 degrés, et finir avec 1 200 ou 1 300 litres de lessive douce et grasse, si votre sel est de première qualité.

Nous préférons ce système à tous les autres ; il permet de verser la lessive au degré voulu, chose qui ne peut se faire avec aucun autre appareil du même genre.

Nous sommes restés au lundi soir, pour l'opération du coulage, arrivons au mardi matin à l'ouverture du lavoir, 6 heures l'été et 7 heures l'hiver.

Les employés sont venus à 5 heures le matin, pour retirer le linge du cuvier avant l'ouverture de l'établissement.

Ils ont alors placé par rang d'ordre les paquets numérotés la veille, afin de pouvoir rapidement les rendre contre la remise du bulletin du livre à souche, correspondant au numéro de zinc du, ou des paquets de chaque cliente.

A son arrivée, chaque cliente va dans la salle de lavage choisir la place qui lui convient, et prendre à la caisse un bulletin d'heures détaché d'un autre livre à souche marquant l'entrée et la sortie (*).

Il ne lui reste plus qu'à prendre, à sa convenance, l'eau chaude ou la lessive, dans des seaux mesurant de 12 à 14 litres, au prix de 5 centimes le seau. Le lavoir fournit aussi tous les autres produits nécessaires au blanchissage : savon, eau de javelle, carbonate etc., etc. Le prix de la place est de 5 centimes l'heure, la journée complète de 40 centimes, la demi-journée 20 centimes.

On reste stupéfait, quand on énumère que, pour une journée de 14 heures en été, 13 heures en hiver, payée par abonnement à la journée, 3 centimes l'heure, la cliente a droit à :

1° Eau froide à discrétion.

2° Jouissance d'une place à savonner de $0^m,80$ à 1 mètre de long et d'une semblable pour rincer.

3° Trois baquets pour le savonnage, le rinçage, le passage au blanc.

4° Une boîte à laver et enfin un seau pour prendre la lessive et l'eau chaude.

Le bénéfice ne peut se retrouver que sur la grande quantité de laveuses, la vente de l'eau chaude et de la lessive provenant de la con-

_____

(*) Un spécimen se trouve à la fin.

densation de ces deux liquides dans les différents appareils et ne coûtant par conséquent aucun frais de combustible.

SÉCHOIRS

Quand le linge est savonné et rincé, la cliente l'apporte à l'essoreuse ou aux séchoirs, puis enfin l'emporte chez elle pour l'apprêter, le repasser, le calandrer suivant les cas, pour le rendre enfin à la clientèle.

Depuis quelque temps, de grandes blanchisseries se sont montées aux environs de Paris, où, dégrevées des frais de l'intérieur, elles font une concurrence sérieuse sur place aux lavoirs de Paris.

Ces vastes établissements — blanchisseries de Courcelles, Sarcelles, Villetaneuse, etc., etc.; — doivent rechercher pour s'alimenter toutes les clientèles, et notamment celle de la blanchisseuse de fin, principale cliente des lavoirs du centre.

Nous croyons donc, ainsi que nous l'écrivons plus loin, que le lavoir moderne doit être mixte, moitié lavoir, moitié buanderie, avec tout le matériel que comporte cette transformation, afin que la blanchisseuse du quartier trouve à sa porte, dans le lavoir qu'elle fréquente, tout ce qu'il lui faut pour livrer son linge entièrement terminé. Elle retrouvera ainsi beaucoup de temps perdu, des facilités qui lui permettront d'étendre ses opérations, et le maître de lavoir y gagnera un travail qui se faisait jadis hors de chez lui.

Dans une autre étude que nous préparons, cette idée recevra les développements qu'elle comporte.

Les séchoirs sont de deux sortes, à air libre ou à air chaud.

Les séchoirs à air libre sont formés de persiennes à claire-voie et de treillages, un lavoir en possède ordinairement une vingtaine, loués à raison de 25 cent. par 24 heures ; presque tous nos établissements en sont pourvus. Il n'en est pas de même des séchoirs à air chaud ; bien peu en sont munis, la location trop chère, à cause du combustible, n'en encourage pas l'emploi.

SÉCHOIRS A AIR CHAUD

Les séchoirs à air chaud ont peu de succès dans les lavoirs, il faut les louer trop cher pour récupérer le combustible dépensé.

Il faudrait donc trouver dans les différents agents mécaniques, le moyen de chauffer ces séchoirs sans dépenses supplémentaires.

Les divers échappements de vapeur sont utilisés, presque tous pour le chauffage de l'eau nécessaire à l'alimentation du lavoir. On ne peut donc rien distraire de ce chef pour le chauffage des séchoirs.

Nous avons souvent pensé à utiliser la chaleur perdue de nos générateurs après la sortie du registre sans apporter de froid sur les parois ou dans les galeries du fourneau.

Une chambre chaude construite derrière le fourneau du générateur, sur laquelle des appels froids viendraient frapper l'air chaud et le renvoyer dans les séchoirs comblerait cette lacune.

Mais nous le répétons, il ne faudrait en rien altérer le calorique nécessaire au générateur pour ses différentes fonctions.

Nous soumettons cette idée à MM. les Ingénieurs compétents.

Si le problème était résolu pratiquement, les séchoirs à air chaud auraient, croyons-nous, plus de succès que ceux à air froid; car ils seraient à l'abri des intempéries, de la gelée, de la neige, de la pluie qui passent très souvent au travers des lames de persiennes des séchoirs à air libre (*).

(*) Nous avons mis les ingénieurs compétents en cause et ces messieurs s'empressent de me présenter une heureuse solution de la question, ils me présentent le séchoir à tringles chauffé par le four Michel Perret (Fig. 7 bis), dont il me donne la théorie que je reproduis ici :

THÉORIE DE L'APPAREIL

L'état pulvérulent constitue la plus grande difficulté de combustion de la plupart des charbons. Quelques combustibles seulement possèdent la propriété de s'agglutiner naturellement par l'action du feu; tous les autres exigent une agglomération artificielle, procédé coûteux, qui ne peut être supporté par les combustibles pauvres ou de qualité inférieure.

Le foyer à étages superposés remplit le double but de brûler des combustibles pulvérulents ou des combustibles pauvres sans aucune préparation. Il se compose de quatre étages superposés formés en dalles réfractaires, et d'un cendrier. La façade est percée de trois ouvertures, garnies de portes. Les deux ouvertures supérieures servent à charger et à manœuvrer la matière sur les dalles; la porte du bas sert à sortir les cendres.

Le foyer est alimenté avec de l'air qui a été préalablement chauffé par sa circulation dans un carneau métallique formant devanture et comportant les trois portes de service. Cet air pénètre en descendant dans le cendrier, remonte dans les étages et fait brûler le combustible sur lequel il passe. La combustion est donc effectuée à une température élevée, due à l'air chaud, et au rapprochement des étages: on peut ainsi brûler sur les étages les combustibles les plus denses et les plus pauvres, l'air chaud permet de pousser l'incinération à ses plus extrêmes limites.

Pour la mise en train, on emploie du bois ou de la braisette, et la combustion continue par l'effet de la température engendrée.

Les avantages de l'appareil consistent :

1° Dans le bas prix des combustibles qu'il peut brûler ;

2° Dans la régularité de température qu'il produit ;

3° Dans le peu de soins qu'il exige, les chargements n'étant opérés que par intervalle de 6 à 24 heures suivant les besoins.

Ce foyer peut brûler 10 kg de *combustible* calculé par heure et par mètre carré de surface de l'étage de charge.

C'est une *combustion* lente qui convient aux appareils calorifères de toute espèce.

Le séchoir à tringles, j'en conviens, répond bien au but proposé, chaque blanchisseuse peut louer à son gré une ou plusieurs tringles suivant la quantité de linge qu'elle a à sécher ; on me communique qu'un de mes confrères, M. Henry Sigismond qui possédait un de ses séchoirs, rue de Sèvres, au lavoir St-Paul, paraît en avoir été satisfait.

Fig. 7 bis. — Séchoir à tringles pour lavoirs

ESSOREUSES

Du reste, les essoreuses ont remplacé presque partout les séchoirs, surtout dans les lavoirs du centre de Paris.

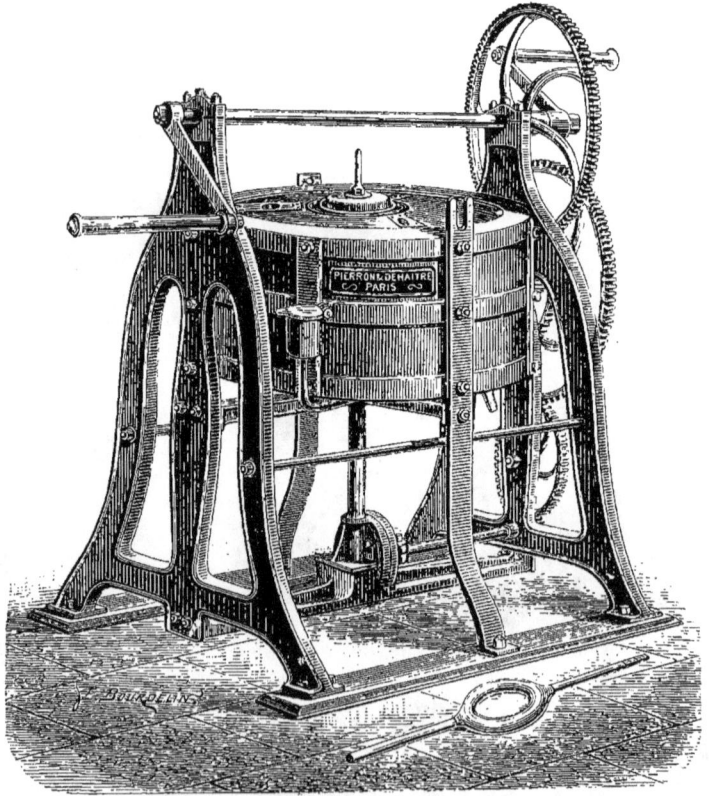

Fig. 8. — Essoreuse-toupie, modèle nº 1

Les premières qui parurent il y a quelques années étaient construites par M. Caron, elles portaient le nom de toupies et tournaient
sur un pivot noyé dans une cuvette d'huile.

Elles faisaient en tournant un bruit effroyable, étaient très difficiles à charger (fig. 8 et 9), et prenaient beaucoup de force motrice.

Fig. 9. — Essoreuse-toupie, modèle n° 2.

Celles employées maintenant sont dites à friction, et construites par MM. Buffault et Robatel, de Lyon, Legrand de Paris et enfin par la maison Pierron et F^d Dehaître.

Cette dernière maison fournit à elle seule, pour Paris et pour
l'Étranger, une grande partie de ces engins, il est vrai qu'il est difficile

Fig. 10. — Essoreuse à moteur direct.

de faire mieux que cette maison, dont les affaires grandissent chaque
jour, qui s'occupe spécialement de l'installation complète des lavoirs

et des blanchisseries, se chargeant de la construction, du matériel et de tout l'agencement. Cette maison possède à ces divers points de vue toute la compétence désirable.

Les essoreuses employées sont de plusieurs types suivant l'im-

Fig. 11. — Essoreuse à friction, par courroie et à arcade double

portance des lavoirs; mais le type le plus généralement répandu est le type à arcade double de 55 cent. ou 60 cent. même 0m70 de dia-

mètre de panier, avec couvercle, à moteur direct. (Fig. 10) ces essoreuses peuvent s'installer partout, sans transmission, il suffit d'une
simple conduite de vapeur pour les faire fonctionner, souvent dans

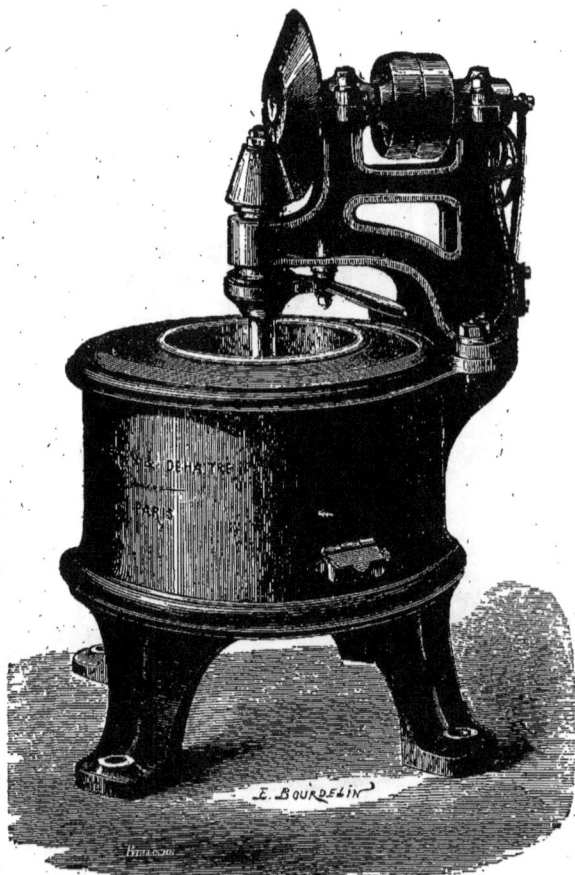

Fig. 12. — Essoreuse à friction, à arcade simple par courroie.

les lavoirs l'installation d'une transmission spéciale reviendrait très
cher, c'est pourquoi ce type a été préféré au type ordinaire par

courroie (Fig. 11 et Fig. 12) soit à arcade double, soit à arcade simple, quelques-uns de mes confrères ont installé des essoreuses dites à moteur indépendant (Fig. 13).

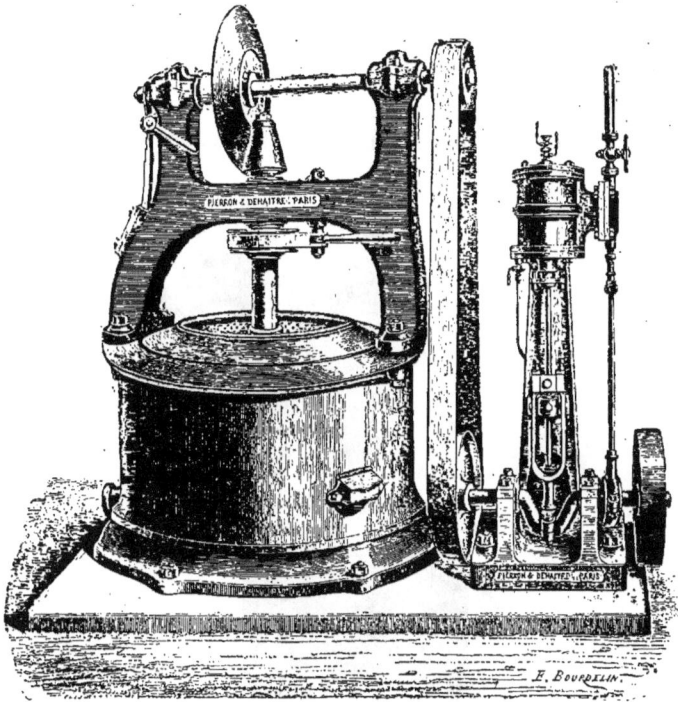

Fig. 13. — Essoreuse à moteur indépendant.

Dans certains petits lavoirs on emploie des essoreuses marchant à bras à arcade simple ou double (Fig. 14 et Fig. 15, pages 62 et 63), mais c'est très rare.

Ces nouvelles essoreuses à friction, très faciles à charger et à conduire, ne laissent plus guère que 30 à 40 pour 100 d'eau dans le linge, de sorte que la blanchisseuse ou la ménagère prépare et empèse très souvent son linge sans le faire passer par les séchoirs.

Bien montées, elles roulent sans bruit, bien ou mal chargées, elles marchent encore, ce qu'on ne pouvait obtenir des précédentes. Malgré cela, il est préférable que le chargement soit régulièrement réparti. Nous donnerons plus loin les prix de revient d'une bonne installation industrielle et économique, les frais de gestion, les frais généraux d'un lavoir hygiénique, dans l'espoir d'en encourager la construction dans les villes à population manufacturière.

Fig. 14. — Esssoreuse à bras, à arcade simple.

Mais que les promoteurs s'adressent à des constructeurs compétents, sinon on verrait se reproduire ce qui s'est passé pour les bains et lavoirs du Temple, dont nous avons parlé au commencement de cette notice, et qu'on fut obligé de démolir.

Voici du reste la description qu'en donne M. Rouget de l'Isle (Encyclopédie Roret) avec lequel nous avons le regret de ne pas être d'accord.

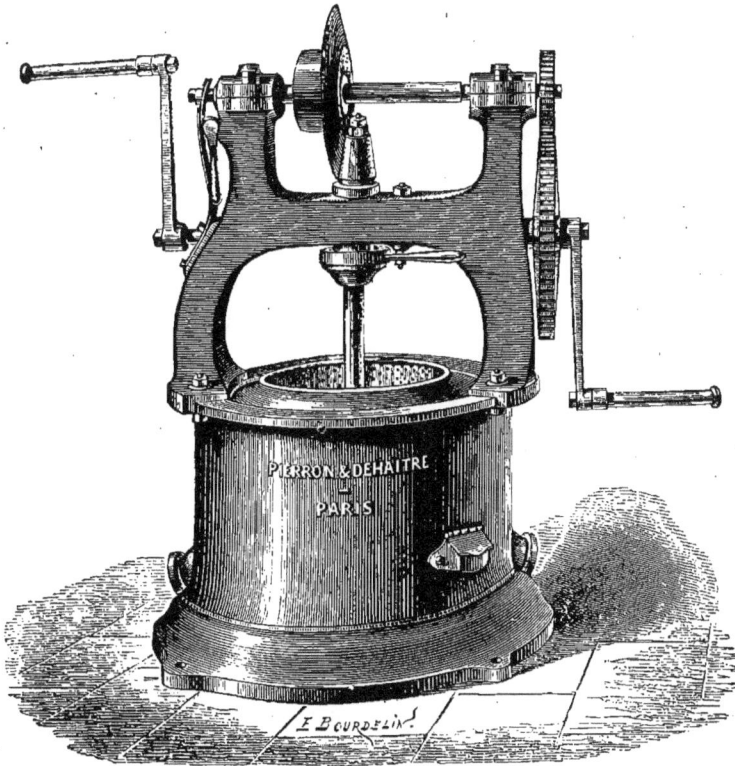

Fig. 15. — Essoreuse à bras à arcade double.

« Chaque laveuse est dans un cabinet séparé, sans être vue de « ses voisines, dont elle est séparée par des cloisons de 2^m,20 de haut « et de 1^m,50 de large, qui forment ainsi une espèce de stalle ouverte « sur le devant.

« Elle a à sa disposition une auge en bois, absolument sem-

« blable à celle d'un maçon, de 0^m,55 de large sur 0^m,30 de profon-
« deur. Cette auge est partagée en deux compartiments inégaux
« etc., etc. »

Tout d'abord, quel supplice pour nos ouvrières françaises, de ne
pouvoir causer avec leurs voisines; première grande cause d'insuccès
de cet essai en France, puis, comment peut-on rincer du linge dans
des auges de 0^m,30 de profondeur, quand nos baquets français ont
de 0^m,65 à 0^m,70 de dimension.

Nous nous rappelons cette dizaine de petits cuviers desservis par
une prise de vapeur, barbotant dans chaque appareil, et les lessives
qu'ils produisaient; ces boxes à l'anglaise, où chaque ouvrière empri-
sonnée avait ses baquets à eau chaude et à eau froide, tellement exigus
qu'il nous fut impossible d'y rincer même une nappe moyenne, nous
nous rappelons ce générateur brûlant de 40 à 50 francs de charbon
par jour.

Nous ne saurions donc trop engager les ingénieurs chargés de
ces installations nouvelles, à faire marcher la théorie avec la pratique,
en adaptant l'outillage industriel aux habitudes des populations aux-
quelles les établissements sont destinés.

Le blanchissage mécanique a fait, depuis quelques années, un pas
immense, et après bien des essais, des tâtonnements, il rend de très
grands et de très réels services aux populations ouvrières des grandes
villes.

Nous allons donner, ainsi que nous l'avons promis, le prix approxi-
matif d'un lavoir bien établi, hygiéniquement, sans luxe, d'une
façon utile et économique. Nous prendrons toujours pour base un
lavoir de 100 à 120 places.

Nous voudrions que ce lavoir fût mixte, c'est-à-dire qu'il tînt un peu de ceux de Paris et aussi de certaines grandes couleries et buanderies des environs de Paris, notamment à Boulogne-sur-Seine, où l'établissement de M. Guibert est aux petits blanchisseurs de gros de la localité ce que les lavoirs à Paris sont aux blanchisseuses de fin de cette ville. Cet établissement est arrivé à concentrer chez lui le travail de tous les petits blanchisseurs de Boulogne. Aussi doit-il obtenir des résultats, des bénéfices assez importants, à ne considérer même que ceux provenant de la perte évitée sur le temps, le combustible et le sel de soude de petites lessives particulières. Nous estimons le résultat obtenu à au moins la moitié du prix total de revient de ces lessives.

Nous diviserons notre lavoir en deux parties très distinctes : d'un côté, la femme de l'ouvrier, lavant son linge, et l'emportant chez elle, de l'autre la blanchisseuse faisant laver son linge par les machines, puis le faisant essorer, et enfin le faisant sécher dans les séchoirs chauds ou froids.

DEVIS

Voici maintenant notre devis dans lequel nous ne comprenons qu'une machine à laver, pas de séchoirs chauds, les additions de matériel étant toujours faciles à apporter par la suite.

Prix d'achat du terrain d'environ 500 mètres à 100 francs dans les quartiers excentriques, soit une valeur immobilière de 50 000 francs : dans les quartiers du Centre le prix des terrains s'élevant à 200 ou

300 francs le mètre, on devra doubler ou tripler cette somme, ou bien alors prendre le terrain à bail, mais à bail assez long pour permettre de construire, mettons un loyer moyen de 4 000 francs.

Construction sur l'un ou l'autre de ces terrains d'un lavoir de 100 ou 120 places doubles :

Maçonnerie	15.000	francs
Charpente fer et bois.	10.000	»
Couverture	3.000	»
Peinture.	1.500	»
Menuiserie.	6.000	»
Tonnellerie	2.500	»
Bitume.	3.000	»
Puits	2.000	»
Pompes	3.000	»
Machine de 4 chevaux	4.000	»
Générateur de 10 chevaux. . .	2.500	»
Tuyauterie.	1.500	»
Fumisterie.	3.000	»
Récipient à lessive et son montage	1.000	»
1 Laveuse mécanique.	2.000	»
Plomberie et Robinetterie. . .	2.000	»
2 Essoreuses à moteur direct.	2.500	»
2 Réservoirs en tôle de 35 à 40.000 litres.	3.000	»
1 Réservoir à eau chaude et lessive	500	»
A Reporter	68.000	»

Report.........	68.000	francs
1 Cuvier en tôle galvanisée et son couvercle..........	1.000	»
Terrasse et divers.........	2.500	»
Total........	71.500	»

Ces prix peuvent être dépassés selon la forme ou l'élégance de la construction, mais il ne peut rien leur être retranché.

RECETTES

Voyons maintenant quelles sont les recettes approximatives, et les frais généraux ordinaires. Le revenu moyen de chaque place étant d'environ 1 fr., 50 par jour, ainsi que nous l'avons établi plus haut, nous avons dans la semaine, 5 journées à 1 fr., 50 et le dimanche 1/2 journée à 0 fr., 75 centimes, soit 8 fr., 25 par place, par semaine.

Notre lavoir ayant 100 places, nous en retirerons le dixième comme non occupées, nous aurons pour les 52 semaines de l'année, un produit total de $90 \times 8,25 \times 52$ soit 40 700 francs.

FRAIS GÉNÉRAUX

Évaluons les frais divers, loyer, combustible, employés, entretien et réparation du matériel à 23 ou 24 000 francs, l'établissement en question laissera un bénéfice annuel de 16 à 17 000 francs.

Ces chiffres sont, bien entendu, ceux d'un lavoir bien dirigé, bien installé, sans non-valeurs. Ils ne sont pas ceux de beaucoup de vieux lavoirs, dont le matériel, mal entretenu, tombe en ruines, qui ne contiennent que 70 ou 80 places doubles ; car, dans cette industrie, les frais sont aussi considérables pour le travail plein que pour le chômage, pour le petit établissement que pour le grand.

Ces résultats sont assez satisfaisants, puisqu'ils donnent presque 25 $\%$ du capital engagé, et complètement au comptant ; mais ils ne sont obtenus, je le répète, que par les quelques établissements qui ont pu, à l'abri de toute concurrence, ajouter à leur bonne installation une clientèle sûre attachée à leur maison.

Nous avons fini et peut-être nous sommes-nous répété quelquefois. En tous cas, nous serons satisfait, si ces quelques lignes écrites au courant de la plume peuvent servir à amener une amélioration notable dans les habitudes de propreté, et par conséquent de bien-être et de dignité des classes laborieuses.

En terminant, nous avons cru être utile en donnant le texte du règlement pour l'abonnement à la Cie des Eaux et le texte de la loi du 1er mai 1880 sur les chaudières à vapeur. — Nous ne saurions trop recommander à nos confrères de se conformer au texte de cette loi. — Ils devront toujours faire appel aux connaissances spéciales des garde-mines. Nous donnons aussi l'adresse de ces messieurs dont l'obligeance est bien connue.

Paris, mars 1883

J. MOISY

Ancien Président de la Chambre syndicale des Lavoirs de Paris
Vice-Président de la Chambre syndicale des Bains de Paris,
Auteur des *Eaux de Paris*, 1869.

M. Moisy se charge de l'installation et de la direction des lavoirs pour la France et l'Étranger.

SERVICE DE LA DISTRIBUTION DES EAUX

DANS LA VILLE DE PARIS

EXTRAIT DU

RÈGLEMENT SUR LES ABONNEMENTS

Adopté suivant délibération du Conseil municipal du 22 juillet 1880

§ 1er. — Modes d'Abonnements

ARTICLE PREMIER. *Forme des abonnements*. Les abonnements partent des 1er janvier, 1er avril, 1er juillet et 1er octobre de chaque année.

La durée est d'une année pour les abonnements jaugés ou au compteur et de trois mois pour les abonnements d'appartements.

ART. 2. *Mode de délivrance des eaux*. Le mode de délivrance des eaux sera appliqué par la Compagnie selon les circonstances spéciales au service qu'il s'agira d'établir. Il aura lieu d'après l'un des systèmes suivants :

1º Par écoulement constant ou intermittent, régulier ou irrégulier, réglé par un robinet de jauge dont les agents de la Compagnie

COMPAGNIE GÉNÉRALE DES EAUX. — Société anonyme au capital de vingt millions. — 52, Rue d'Anjou-St-Honoré.

auront seuls la clef. Dans ce mode de livraison, les eaux seront reçues dans un réservoir dont la hauteur sera indiquée par les agents de la Compagnie et déversées par un robinet muni d'un flotteur.

2º Par estimation et sans jaugeage. Ce mode de distribution n'est applicable d'une manière générale qu'aux eaux de source ou autres assimilées.

3º Par compteur.

ART. 3. *Abonnements à robinet libre.* Les abonnements en eaux de sources à robinet libre ne sont accordés que pour l'alimentation des appartements habités bourgeoisement. Ces abonnements, destinés uniquement aux usages domestiques, ne sont pas applicables aux appartements dans lesquels s'exerce un commerce ou une industrie donnant lieu à l'emploi de l'eau.

ART. 4. *Tarif des abonnements à robinet libre.* — Le tarif de ces abonnements d'appartements sera réglé de la manière suivante :

Un seul robinet établi sur la pierre d'évier dans un appartement habité par 1, 2 ou 3 personnes.. 16 fr. 20 par an.

Par chaque personne en plus............. 4 » —

Par chaque robinet supplémentaire que l'abonné voudra placer dans les appartements :

Dans les cabinets d'aisances. .... 4 fr. par an.

Dans les salles de bains .... 12 fr. —

Dans les salles de douches . . . . 9 fr. par an.

Dans les autres parties de l'appartement. . 6 —

. . . .

ART. 8. *Abonnements jaugés ou au compteur.* — En dehors des deux modes d'abonnements sus-indiqués, l'eau ne sera plus fournie, à dater du 1er janvier 1881, que par des abonnements au compteur ou au robinet de jauge.

L'eau utilisée directement comme force motrice ne sera livrée qu'au moyen d'un abonnement au compteur.

Toutefois les propriétaires des établissements de bains qui ne voudront pas s'abonner au compteur, auront la faculté de s'abonner à robinet libre aux conditions suivantes :

L'eau fournie pour les bains sera de l'eau de l'Ourcq, partout où le niveau du sol permet de la distribuer, et les eaux de rivière sur les points inaccessibles à l'eau de l'Ourcq.

Le prix à forfait à payer par ces propriétaires sera calculé sur une moyenne de un bain et demi par jour et par baignoire, affectée tant au service sur place qu'au service à domicile.

Ce prix est fixé pour un bain à 5 centimes.

Les établissements de bains dans lesquels il existera aussi des piscines, des bains de vapeur, des douches, etc., devront avoir, pour cette partie de leur service, une canalisation distincte et un abonnement soit à la jauge soit au compteur. Dans le cas où ces services ne seraient pas alimentés par les eaux de la Ville, l'abonnement par estimation ne serait pas applicable à l'établissement.

Les abonnements des lavoirs alimentés, suivant le niveau des eaux, soit en eau d'Ourcq, soit en rivières, seront exclusivement à la jauge ou au compteur, et fixés aux prix des abonnements des eaux industrielles indiqués à l'article 24 ci-dessous.

Les lavoirs paient l'eau industrielle à partir de 20.000 litres, savoir : de 20 à 30.000, 35 francs ; de 30 à 40.000, 30 francs, et au-dessus, 25 francs le mètre cube.

ART. 9. *Interruption des eaux.* — Les abonnés ne pourront réclamer aucune indemnité pour les interruptions momentanées du service résultant, soit des gelées, des sécheresses et des réparations des conduites, aqueducs ou réservoirs, soit du chômage des machines d'exploitation, soit de toute autre cause analogue.

Dans le cas d'arrêt de l'eau, en totalité ou en partie, l'abonné doit prévenir immédiatement la Compagnie dans un des bureaux établis pour cet usage et dans lesquels sont déposés des registres destinés à inscrire les réclamations.

Toute interruption de service dont la durée excéderait trois jours, à dater du jour où la réclamation de l'abonné aura été inscrite dans l'un des bureaux de la Compagnie donnera droit, pour cet abonné, à une déduction dans le prix des abonnements, proportionnelle à tout le temps d'interruption de service qui excédera trois jours.

§ 4. — Compteurs

ART. 22. *Fourniture et pose des compteurs.* — Les compteurs sont à la charge des abonnés, qui ont la faculté de les acheter parmi les systèmes approuvés par l'Administration, la Compagnie entendue.

Les compteurs ainsi achetés ne pourront être mis en service qu'après avoir été vérifiés et poinçonnés par l'Administration.

Ils seront soumis, quant à l'exactitude et à la régularité de leur marche, à toutes les vérifications que l'Administration et la Compagnie jugeront devoir prescrire.

Les compteurs achetés par les abonnés pourront être posés par leur entrepreneur particulier; mais cette installation, qui sera vérifiée par les agents de la Compagnie, devra être faite conformément aux indications de la police d'abonnement. Le plombage sera fait par les agents de la Compagnie,

Art. 23. *Compteurs en location*. — La Compagnie fournira aux abonnés qui en feront la demande, des compteurs en location du modèle qu'elle choisira parmi ceux approuvés par l'Administration.

Le tarif de location et d'entretien des compteurs est établi sur les bases suivantes :

Prix fixe, par an et par compteur, quel que soit le volume d'eau consommée, 5 francs.

Prix variable s'ajoutant au prix fixe : 15 % du prix de l'eau consommée pour les quantités inférieures à 1,000 litres.

Au-delà et jusqu'à 5.000 litres, 15% sur les premiers 1,000 litres et 6 francs par mètre cube supplémentaire de consommation journalière moyenne.

Au-dessus de 5,000 litres, la Compagnie traitera de gré à gré avec les abonnés.

Toutefois, le prix de location et d'entretien ne pourra jamais dépasser 12 % du prix courant d'acquisition et de pose du modèle des compteurs choisis.

§ 5 — Prix de l'eau

ART. 24. *Usage de l'eau de l'Ourcq.* — Les eaux de l'Ourcq sont exclusivement réservées, en dehors des services publics, aux besoins industriels et aux services des écuries, remises, cours et jardins.

Dans les rues où le niveau ne permet pas d'amener les eaux de l'Ourcq, il pourra y être suppléé, aux mêmes conditions, par les eaux de Seine, de Marne ou autres équivalentes, si l'administration le juge convenable et si les immeubles sont d'ailleurs approvisionnés en eaux de source pour les usages désignés aux articles 3 et 6 ci-dessus, de même que si la canalisation le permet.

La Compagnie sera libre de traiter à forfait, sauf approbation de l'Administration en cas de contestation, pour les livraisons d'eau par attachement ou par supplément. Dans ce mode de livraison, les prix de vente devront être au moins égaux à ceux des tarifs.

ART. 25. *Tarif de l'eau. Tarif pour les abonnements jaugés et au compteur.* — Le prix de l'eau sera déterminé d'après le tarif suivant :

QUANTITÉ DE LA FOURNITURE JOURNALIÈRE	PRIX PAR AN POUR CHAQUE MÈTRE CUBE	
	Eaux de l'Ourcq et de rivières pour les usages industriels ou pour le service des écuries, cours et jardins	Eaux de sources, de rivières et autres pour les usages domestiques
	Francs.	Francs.
125 lit. par jour.	» »	20 »
250 — id. .	» »	40 »
500 — id. .	» »	60 »
1.000 — id. .	60 »	120 »
1.500 — id. .	90 »	180 »
2.000 — id. .	120 »	240 »
2.500 — id. .	150 »	300 »
3.000 — id. .	180 »	360 »
3.500 — id. .	210 »	420 »
4.000 — id. .	240 »	480 »
4.500 — id. .	270 »	540 »
5.000 — id. .	300 »	600 »

Au-dessus de 5 mètres cubes et jusqu'à 10 mètres cubes, mais pour les 5 derniers mètres cubes seulement, les prix seront ainsi fixés :

Pour l'eau de l'Ourcq ou équivalentes désignées à l'art. 25, 50 fr. par an et par mètre cube ;

Pour l'eau de sources, de rivières et autres, 100 fr. par an et par mètre cube.

Au-dessus de 10 mètres cubes et jusqu'à 20 mètres cubes, mais pour les dix derniers mètres cubes seulement les prix seront évalués ;

Pour l'eau de l'Ourcq et équivalentes indiquées à l'art. 25, 40 fr. par an et par mètre cube ;

Pour l'eau de sources, de rivières ou autres, 80 fr. par an et par mètre cube ;

Au-delà de 20 mètres cubes, mais seulement pour les quantités excédentes, la Compagnie traitera de gré à gré, sans, qu'en aucun cas, le prix du mètre cube puisse être inférieur pour les eaux de l'Ourcq et ses équivalentes à 25 fr. et à 55 fr. pour les eaux de source, de rivières et autres.

Ces traités de gré à gré devront d'ailleurs être approuvés par le Préfet de la Seine.

ART. 26. — Il ne sera pas accordé d'abonnement inférieur à 1,000 litres pour les eaux de l'Ourcq ou autres équivalentes et à 125 litres pour les eaux de source, de rivières ou autres. L'abonné ne pourra réclamer de l'eau d'une origine autre que celle existante dans les conduites placées dans le sol de la voie publique où se trouve la propriété pour laquelle il contracte l'abonnement.

ART. 27. *Payements.* — Le prix de l'abonnement sera payé sur la quittance de la Compagnie, d'avance, aux époques indiquées dans l'engagement du concessionnaire.

L'abonné au compteur devra payer d'avance le montant de son abonnement minimum, tel qu'il est fixé par sa police d'abonnement, pour l'année entière.

Chaque mètre cube d'eau consommé en sus de l'abonnement sera payé au prix fixé par la police d'abonnement.

Le volume d'eau consommé sera relevé dans la première quinzaine de chaque trimestre, contradictoirement avec l'abonné qui devra reconnaitre et signer ce relevé. Le supplément de consommation sera dû à la Compagnie par l'abonné dès que le relevé trimestriel constatera que le montant de l'abonnement minimum sera dépassé. Dans le cas où la consommation annuelle n'atteindrait pas le chiffre résultant de la police d'abonnement, le prix minimum fixé à cette police n'en sera pas moins acquis intégralement à la Compagnie.

La consommation journalière ne devra d'ailleurs, dans aucun cas, dépasser quatre fois le volume d'eau de l'abonnement souscrit.

A défaut de payement régulier aux époques ci-dessus indiquées, le service des eaux sera suspendu et l'abonnement pourra être résilié, sans préjudice des poursuites que la Compagnie pourra exercer contre l'abonné.

Tarif d'Entretien annuel en régie ou à forfait

au choix des abonnés, mais toute responsabilité restant à la charge de ces derniers, dans les termes de l'article 28 du règlement sur les abonnements, en date du 25 juillet 1880.

Tarif de l'Entretien en régie

	DIAMÈTRES DE :					
	0.013	0.020	0 025	0.030	0.035	0.040
1 — Nœuds de soudure sur plomb	1 »	1 35	1 65	2 »	2 30	2 70
2 — Nœuds de soudure sur cuivre.......	1 10	1 50	1 80	2 20	2 55	2 97
3—Joints à bride complets avec fourniture	2 »	2 25	3 50	4 »	4 50	5 25
4 — Agrafes à scellement pour tuyaux en plomb....	» 40	» 50	» 50	» 60	» 60	» 70
5— Crochets pour tuyaux en plomb ...	» 20	» 25	» 25	» 30	» 30	» 35
6 -- Rondelles en cuir gras	» 20	» 20	» 20	» 22	» 22	» 24

7 — Le kilogramme de plomb pour tuyaux de tous diamètres (les nœuds de soudure comptés à part).................................... » 75

8 — Boulons pour joints, l'un .... » 45

9 — Rondelles en bronze pour plaque d'arrêt de robinet................' » 75

10 — Clavettes doubles en cuivre pour robinet .... » 30

11 — Une goupille .... » 15

12 — Le kilogramme de cuivre pour robinet d'arrêt...................... 5 »

13 — Le mètre superficiel de pavage, mesuré un pavé en plus pour raccordement sans fourniture de pavé................................ 3 »

14 — Le mètre superficiel de dallage pour pose.......................... 3 60

15 — Le mètre linéaire de bordure pour repose.......................... 2 90

16 — dᵒ de joints en bitume................................ 1 »

17 — Journée d'un ajusteur ou d'un plombier et aide avec outils .... 13 »

18 — dᵒ d'un terrassier ou aide seul avec outils..................... 6 »

19 — dᵒ d'un maçon avec outils................................... 8 »

20 — Le travail de nuit est payé moitié en sus du travail de jour.

21 — Location d'une pompe d'épuisement, y compris transport aller et retour, chaque jour 5 50

Nota. — Les prix ci-dessus ne comprennent pas le temps passé par les ouvriers pour exécuter les travaux; ce temps sera compté à part, sauf pour les réfections du sol.

Tarif de l'Entretien à forfait

DIAMÈTRE des TUYAUX EN PLOMB		PARTIE du branchement sur la voie publique	PARTIE du branchement horizontal dans la propriété et colonne montante à l'exclusion de la distribution dans les appartements	OBSERVATIONS
Nᵒˢ				
1	0.020........	6ᶠ 00	10ᶠ 00	
2	0.027........	10 00	14 00	
3	0.040........	12 00	16 00	

NOUVELLE LOI

CHAUDIÈRES & RÉCIPIENTS DE VAPEUR

EXTRAIT DU JOURNAL OFFICIEL

DE LA

RÉPUBLIQUE FRANÇAISE

*Nous avons pensé être utile à nos lecteurs en leur donnant le texte de cette loi, car elle s'applique à **tous les appareils** recevant de la vapeur, dès l'instant que leur capacité excède 100 litres, voir article 30, page 93 et les articles 32 et 33 page 94; nous appelons aussi l'attention sur l'article 3, page 82.*

Nous avons fait suivre l'extrait de la Loi d'un modèle de déclaration à faire à la Préfecture pour l'établissement d'une chaudière à vapeur.

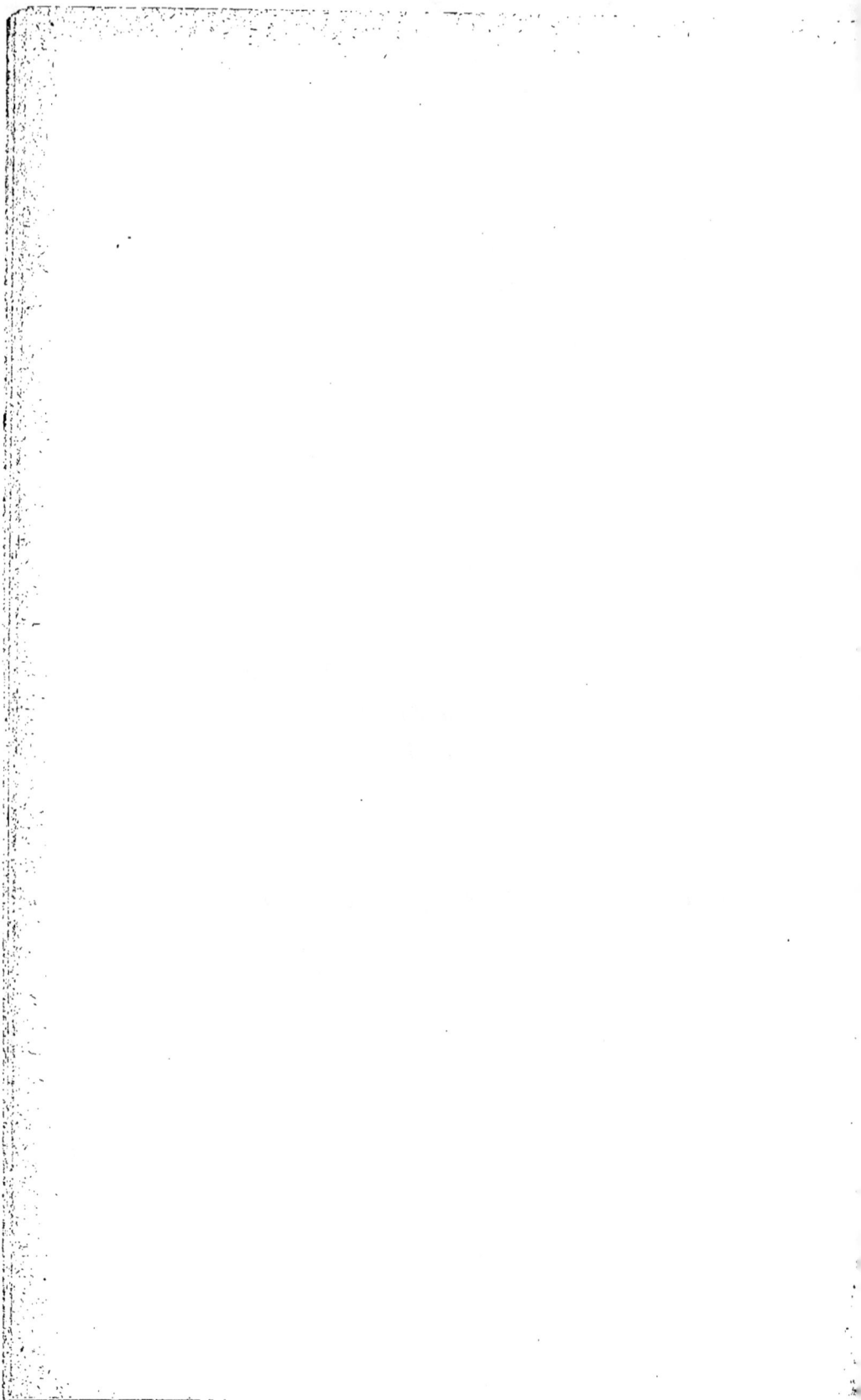

EXTRAIT DU JOURNAL OFFICIEL

DE LA

RÉPUBLIQUE FRANÇAISE

LOI DU 2 MAI 1880
SUR LES CHAUDIÈRES ET RÉCIPIENTS DE VAPEUR

Le Président de la République française,

Sur le Rapport du Ministre des Travaux publics ;

Vu le décret du 25 janvier 1865, relatif aux chaudières à vapeur autres que celles qui sont placées sur des bateaux,

Vu les avis de la Commission centrale des Machines à vapeur ;

Le Conseil d'État entendu,

Décrète :

ARTICLE PREMIER

Sont soumis aux formalités et aux mesures prescrites par le présent règlement : 1° les générateurs de vapeur, 2° les *récipients* définis ci-après (Titre V).

TITRE 1er

MESURES DE SURETÉ RELATIVES AUX CHAUDIÈRES
PLACÉES A DEMEURE

ARTICLE 2.

Aucune chaudière neuve ne peut être mise en service qu'après avoir subi l'épreuve réglementaire ci-après définie. Cette épreuve doit être faite chez le constructeur et sur sa demande.

Toute chaudière venant de l'étranger doit être éprouvée avant sa mise en service, sur le point du territoire français désigné par le destinataire dans sa demande.

ARTICLE 3.

Le renouvellement de l'épreuve peut être exigé par celui qui fait usage d'une chaudière :

1o *Lorsque la chaudière*, ayant déjà servi, est l'objet d'une nouvelle installation ;

2o *Lorsqu'elle a subi une réparation notable ;*

3o *Lorsqu'elle est remise en service après un chômage prolongé.*

A cet effet, l'intéressé devra informer l'ingénieur des mines de ces diverses circonstances. En particulier, si l'épreuve exige la démolition du massif du fourneau ou l'enlèvement de l'enveloppe de la chaudière et un chômage plus ou moins prolongé, cette épreuve pourra ne point être exigée, lorsque des renseignements authentiques sur l'époque et les résultats de la dernière visite, intérieure et extérieure, constitueront une présomption suffisante en faveur du bon état de la chaudière. Pourront être notamment considérés comme renseignements probants les certificats délivrés *aux membres des associations de propriétaires d'appareils à vapeur par celles de ces associations que le ministre aura désignées.*

Le renouvellement de l'épreuve *est exigible également* lorsque à raison des conditions dans lesquelles une chaudière fonctionne, il y a lieu, par l'ingénieur des mines, d'en suspecter la solidité.

Dans tous les cas, lorsque celui qui fait usage d'une chaudière contestera la nécessité d'une nouvelle épreuve, il sera, après une instruction où celui-ci sera entendu, statué par le Préfet.

En aucun cas, l'intervalle entre les deux épreuves consécutives n'est supérieur *à dix années.* Avant l'expiration de ce délai, celui qui fait usage d'une chaudière doit lui-même demander *le renouvellement de l'épreuve.*

ARTICLE 4.

L'épreuve consiste à soumettre la chaudière à une pression hydraulique supérieure à la pression effective qui ne doit pas être dépassée dans le service. Cette pression d'épreuve sera maintenue pendant le temps nécessaire à l'examen de la chaudière dont toutes les parties doivent pouvoir être visitées.

La surcharge d'épreuve par *centimètre carré est égale à la pression effective, sans jamais être inférieure à un demi-kilogramme ni supérieure à 6 kilogrammes.*

L'épreuve est faite sous la direction de l'ingénieur des mines et en sa présence, ou, en cas d'empêchement, en présence du garde-mines opérant d'après ses instructions.

Elle n'est pas exigée pour l'ensemble d'une chaudière dont les diverses parties, éprouvées séparément, ne doivent être réunies que par des tuyaux placés sur tout leur parcours, en dehors du foyer et des conduits de flamme, et dont les joints peuvent être facilement démontés.

Le chef d'établissement où se fait l'épreuve fournira la main-d'œuvre et les appareils nécessaires à l'opération.

Article 5.

Après qu'une chaudière ou partie de chaudière a été éprouvée avec succès, il y est apposé un timbre, indiquant en kilogrammes par centimètre carré la pression effective que la vapeur ne doit pas dépasser.

Les timbres sont poinçonnés et reçoivent trois nombres indiquant le jour, le mois et l'année de l'épreuve.

Un de ces timbres est placé de manière à être toujours apparent après la mise en place de la chaudière.

Article 6.

Chaque chaudière est munie de *deux soupapes de sûreté*, chargées de manière à laisser la vapeur s'écouler dès que sa pression effective atteint la limite maximum indiquée par le timbre réglementaire.

L'orifice de chacune des soupapes doit suffire à maintenir, celle-ci étant au besoin convenablement déchargée ou soulevée et quelle que soit l'activité du feu, la vapeur dans la chaudière à un degré de pression qui n'excède, pour aucun cas, la limite ci-dessus.

Le constructeur est libre de répartir, s'il le préfère, la section totale d'écoulement nécessaire des *deux soupapes* réglementaires entre un plus grand nombre de soupapes.

ARTICLE 7.

Toute chaudière est munie *d'un manomètre en bon état* placé en vue du chauffeur et gradué de manière à indiquer en kilogrammes la pression effective de la vapeur dans la chaudière.

Une marque très apparente indique sur *l'échelle du manomètre la limite que la pression effective ne doit pas dépasser.*

La chaudière est munie d'un ajutage terminé par une bride de 0m04 de diamètre et 0m005 d'épaisseur disposée pour recevoir le manomètre vérificateur.

ARTICLE 8.

Chaque chaudière est munie d'un appareil de *retenue, soupapes ou clapets,* fonctionnant automatiquement et placé au point d'intersection du tuyau d'alimentation qui lui est propre.

ARTICLE 9.

Chaque chaudière est munie d'une soupape ou *ou robinet d'arrêt de vapeur*, placé autant que possible à l'origine du tuyau de conduite de vapeur sur la chaudière même.

Toute paroi en contact sur une de ses faces avec la flamme doit être baignée par l'eau sur sa face opposée.

Le niveau de l'eau doit être maintenu dans chaque chaudière à une hauteur de marche telle, qu'il soit, en toute circonstance, à 0^{m}06 *au moins au-dessus du plan* pour lequel la condition précédente cesserait d'être remplie. La position limite sera indiquée, d'une manière très apparente, au voisinage du tube de niveau mentionné à l'article suivant.

Les prescriptions énoncées au présent article ne s'appliquent point :

1° Aux surchauffeurs de vapeur distincts de la chaudière;

2° Et à des surfaces relativement peu étendues et placées de manière à ne jamais rougir, même lorsque le feu est poussé à son maximum d'activité, telles que tubes ou parties de cheminées qui traversent le réservoir de vapeur en envoyant directement à la cheminée principale les produits de la combustion.

Chaque chaudière est munie de *deux appareils indicateurs du niveau de l'eau* indépendants l'un de l'autre et placés en vue de l'ouvrier chargé de l'alimentation.

L'un de ces deux *indicateurs est un tube en verre*, disposé de manière à pouvoir être facilement nettoyé et remplacé au besoin.

Pour les *chaudières verticales* de grande hauteur, le tube est remplacé par un appareil disposé de manière à reporter, en vue de l'ouvrier chargé de l'alimentation, l'indication du niveau de l'eau dans la chaudière.

TITRE II

ÉTABLISSEMENT DES CHAUDIÈRES A VAPEUR

PLACÉES A DEMEURE

ARTICLE 12.

Toute chaudière à vapeur destinée à être employée à demeure ne peut être mise en service qu'après une déclaration adressée *par celui qui fait usage du générateur, au préfet du département.*

Cette déclaration est enregistrée à sa date. Il en est donné acte. Elle est communiquée sans délai à M. l'Ingénieur en chef des mines.

ARTICLE 13.

La déclaration fait connaître avec précision :

1º *Le nom et le domicile du vendeur de la chaudière et l'origine de celle-ci;*

2º *La commune et le lieu où elle est établie;*

3º *La forme, la capacité et la surface de chauffe;*

4° *Le numéro du timbre réglementaire;*

5° *Un numéro distinctif de la chaudière, si l'établissement en possède plusieurs;*

6° *Enfin le genre d'industrie auquel elle est destinée.*

ARTICLE 14.

Les chaudières sont divisées en trois catégories :

Cette classification est basée sur le produit de la multiplication du nombre exprimant en mètres cubes la capacité totale de la chaudière avec ses bouilleurs et ses réchauffeurs alimentaires, mais sans y comprendre les surchauffeurs de vapeur, par le nombre exprimant, en degrés centigrades, l'excès de la température de l'eau correspondant à la pression indiquée par le timbre réglementaire sur la température de 100 degrés, conformément à la table annexée au présent décret (*).

Si plusieurs chaudières doivent fonctionner ensemble dans un même emplacement et si elles ont entre elles une communication quelconque, directe ou indirecte, on prend, pour former le produit, comme il vient d'être dit, la somme des capacités de ces chaudières.

Les chaudières sont de première catégorie quand le produit est plus grand que 200; de la deuxième, quand le produit n'excède pas pas 200, mais surpasse 50; de la troisième, si le produit n'excède pas 50.

(*) Voir cette table page 98.

ARTICLE 15.

Les chaudières comprises dans la première catégorie doivent être établies en dehors de toute maison d'habitation et de tout atelier surmonté d'étages. N'est pas considérée comme un étage, au-dessus de l'emplacement d'une chaudière, une construction dans laquelle ne se fait aucun travail nécessitant la présence d'un personnel à poste fixe.

ARTICLE 16.

Il est interdit de placer une chaudière de *première catégorie à moins de 3 mètres d'une maison d'habitation.*

Lorsqu'une chaudière de première catégorie est placée à moins de 10 mètres d'une maison d'habitation, elle en est séparée par un mur de défense.

Ce mur, en bonne et solide maçonnerie, est construit de manière à défiler la maison par rapport à tout point de la chaudière *distant au moins de 10 mètres,* sans toutefois que *sa hauteur dépasse de 1 mètre la partie la plus élevée de la chaudière.*

Son épaisseur est égale au tiers au moins de la hauteur, sans que cette épaisseur puisse être *inférieure à 1 mètre en couronne.* Il est séparé du mur de la maison voisine par un intervalle libre de 30 centimètres de largeur au moins.

L'établissement d'une chaudière de première catégorie à la distance de *dix mètres au plus d'une maison d'habitation* n'est assujetti à aucune mesure particulière.

Les distances de 3 mètres et de 10 mètres, fixées ci-dessus, sont réduites respectivement *à 1ᵐ50 et à 5 mètres*, lorsque la chaudière est enterrée de façon que la partie supérieure de ladite chaudière se *trouve à 1 mètre en contre-bas du sol* du côté de la maison voisine.

ARTICLE 17.

Les chaudières comprises dans la deuxième catégorie peuvent être placées dans l'intérieur de tout atelier pourvu que l'atelier ne fasse pas partie d'une maison d'habitation.

Les foyers sont séparés des murs des maisons voisines par un intervalle *libre de 1 mètre au moins*.

ARTICLE 18.

Les chaudières de troisième catégorie peuvent être établies dans un atelier quelconque, même lorsqu'il fait partie d'une maison d'habitation.

Les foyers sont séparés des murs des maisons voisines par un intervalle *libre de 0ᵐ50 au moins*.

ARTICLE 19.

Les conditions d'emplacement prescrites pour les chaudières à demeure par les précédents articles ne sont pas applicables aux chaudières pour l'établissement desquelles il aura été satisfait au décret du 25 janvier 1865, antérieurement à la promulgation du présent règlement.

— 91 —

ARTICLE 20.

Si, postérieurement à l'établissement d'une chaudière, un terrain contigu vient à être affecté à la construction d'une maison d'habitation, celui qui fait usage de la chaudière devra se conformer aux mesures prescrites par les articles 16, 17 et 18 comme si la maison eût été construite avant l'établissement de la chaudière.

ARTICLE 21.

Indépendamment des mesures générales de sûreté prescrites au titre Ier de la déclaration prévue par les articles 12 et 13, les chaudières à vapeur fonctionnant dans l'intérieur des usines sont soumises aux conditions que pourra prescrire le préfet, suivant les cas et sur le rapport de l'ingénieur des mines.

TITRE III

CHAUDIÈRES LOCOMOBILES

ARTICLE 22.

Sont considérées comme locomobiles les chaudières à vapeur qui peuvent être transportées facilement d'un lieu dans un autre, n'exigeant aucune construction pour fonctionner sur un point donné et ne sont employées que d'une manière temporaire à chaque station.

ARTICLE 23.

Les dispositions des articles 2 à 11 inclusivement du présent décret sont applicables aux chaudières locomobiles,

Article 24.

Chaque chaudière porte une plaque sur laquelle sont gravés *en caractères très apparents, le nom et le domicile du propriétaire et un numéro d'ordre*, si ce propriétaire possède plusieurs chaudières locomobiles.

Article 25.

Elle est l'objet de la déclaration prescrite par les articles 12 et 13 adressée au Préfet du département où est le domicile du propriétaire.

L'ouvrier chargé de la conduite devra représenter à toute réquisition le récépissé de cette déclaration.

TITRE IV

CHAUDIÈRES DES MACHINES LOCOMOTIVES

Article 26.

Les machines à vapeur locomotives sont celles qui, sur terre, travaillent en même temps qu'elles se déplacent par leur propre force, telles que les machines des chemins de fer et des tramways, les machines routières, les rouleaux compresseurs, etc.

Article 27.

Les dispositions des articles 2 à 8 inclusivement et celles des articles 11 et 24 sont applicables aux chaudières des machines locomotives.

ARTICLE 28.

Les dispositions de l'article 25, paragraphe 1er, s'appliquent également à ces chaudières.

ARTICLE 29.

La circulation des machines locomotives a lieu dans les conditions déterminées par des règlements spéciaux.

TITRE V

RÉCIPIENTS

ARTICLE 30.

Sont soumis aux dispositions suivantes les *récipients de formes diverses d'une capacité de plus de 100 litres* au moyen desquels les matières à élaborer sont chauffées, non directement à feu nu, mais par la vapeur empruntée à un générateur distinct lorsque leur communication avec l'atmosphère n'est point établie par des moyens excluant toute pression effective nettement appréciable.

ARTICLE 31.

Ces récipients sont assujettis à la déclaration prescrite par les articles 12 ou 13. (*Voir ces articles.*)

Ils sont soumis à l'épreuve, conformément aux articles 2, 3, 4 et 5. (*Voir ces articles.*) Toutefois, la surcharge d'épreuve sera, dans tous les cas, **égale** à la moitié de la pression à laquelle l'appareil doit fonctionner sans que cette *surcharge puisse excéder 4 kilogrammes par centimètre carré.*

ARTICLE 32.

Ces récipients sont munis d'*une soupape de sûreté* réglée pour la pression indiquée par le timbre, à moins que cette pression ne soit égale ou supérieure à celle fixée pour la chaudière alimentaire.

L'orifice de cette soupape, convenablement déchargée ou soulevée au besoin, doit suffire à maintenir pour tous les cas la **vapeur** dans le récipient à un degré de pression qui n'excède pas la limite du timbre.

Elle peut être placée, soit sur le récipient lui-même, soit sur le tuyau d'arrivée de vapeur, entre le robinet et le récipient.

ARTICLE 33.

Les dispositions des articles 30, 31 et 32 s'appliquent également aux réservoirs dans lesquels de l'eau à haute température est emmagasinée, pour fournir ensuite un dégagement de vapeur ou de chaleur quel qu'en soit l'usage.

ARTICLE 34.

Un délai de six mois, à partir de la promulgation du présent décret, est accordé pour l'exécution des quatre articles qui précèdent.

TITRE VI

DISPOSITIONS GÉNÉRALES

ARTICLE 35.

Le Ministre peut, sur le rapport des Ingénieurs des mines, l'avis du Préfet et celui de la commission centrale des machines à vapeur, accorder dispense de tout ou partie des prescriptions du présent décret dans tous les cas où, à raison de la forme, soit de la faible dimension des appareils, soit de la position spéciale des pièces contenant de la vapeur, il serait reconnu que la dispense ne peut pas avoir d'inconvénient.

ARTICLE 36.

Ceux qui font usage de générateurs ou de récipients de vapeur veilleront à ce que ces appareils soient entretenus constamment en bon état de service.

A cet effet, ils tiendront la main à ce que des visites complètes, tant à l'intérieur qu'à l'extérieur, soient faites à des intervalles rapprochés pour constater l'état des appareils et assurer l'exécution en temps utile des réparations ou remplacements nécessaires.

Ils devront informer les Ingénieurs des réparations notables faites aux chaudières et aux récipients, en vue de l'exécution des articles 3 (1o, 2o et 3o) et 31, § 2.

ARTICLE 37.

Les contraventions au présent règlement sont constatées, poursuivies et réprimées conformément aux lois.

Article 38.

En cas d'accident ayant occasionné la mort ou des blessures, le chef de l'établissement doit *prévenir immédiatement l'autorité chargée de la police locale et l'Ingénieur des mines chargé de la surveillance*. L'Ingénieur se rend sur les lieux dans le plus bref délai, pour visiter les appareils, en constater l'état et rechercher les causes de l'accident. Il rédige sur le tout :

1º Un rapport qu'il adresse au Procureur de la République et dont une expédition est transmise à l'Ingénieur en chef, qui fait parvenir son avis à ce magistrat.

2º Un rapport qui est adressé au Préfet, par l'intermédiaire et avec l'avis de l'Ingénieur en chef.

En cas d'accident n'ayant occasionné ni mort ni blessure, l'Ingénieur des mines seul est prévenu, il rédige un rapport qu'il envoie, par l'intermédiaire et avec l'avis de l'Ingénieur en chef, au Préfet.

En cas d'explosion, les *constructions ne doivent point être réparées* et les fragments de l'appareil rompu ne *doivent point être déplacés ou dénaturés* avant la constatation de l'état des lieux par l'Ingénieur.

Article 39.

Par exception, le Ministre pourra confier la surveillance des appareils à vapeur aux Ingénieurs ordinaires et aux conducteurs des ponts et chaussées, sous les ordres de l'Ingénieur en chef des mines de la circonscription.

ARTICLE 40.

Les appareils à vapeur qui dépendent des services spéciaux de l'État sont surveillés par les fonctionnaires et agents de ces services.

ARTICLE 41.

Les attributions conférées aux Préfets des départements par le présent décret sont exercées par le Préfet de police dans toute l'étendue de son ressort.

ARTICLE 42.

Est rapporté le décret du 25 janvier 1865.

ARTICLE 43.

Le Ministre des travaux publics est chargé de l'exécution du présent décret qui sera inséré au *Journal officiel et au Bulletin des lois*.

Fait à Paris, le 30 avril 1880.

JULES GRÉVY.

Par le Président de la République,

Le ministre des travaux publics

H. VARROY.

TABLE

donnant la température *(en degrés centigrades)* de l'eau correspondant

à une pression donnée *(en kilogrammes effectifs)*.

VALEURS CORRESPONDANTES		VALEURS CORRESPONDANTES	
de la pression effective en kilogrammes	de la température en degrés centigrades	de la pression effective en kilogrammes	de la température en degrés centigrades
0ᵏ5	111°	10ᵏ5	185°
1.0	120	11.0	187
1.5	127	11.5	189
2.0	133	12.0	191
2.5	138	12.5	193
3.0	143	13.0	194
3.5	147	13.5	196
4.0	151	14.0	197
4.5	155	14.5	199
5.0	158	15.0	200
5.5	161	15.5	202
6.0	164	16.0	203
6.5	167	16.5	205
7.0	170	17.0	206
7.5	173	17.5	208
8.0	175	18.0	209
8.5	177	18.5	210
9.0	179	19.0	211
9.5	181	19.5	213
10.0	183	20.0	214

DÉCLARATION.

ASSOCIATION DES PROPRIÉTAIRES D'APPAREILS A VAPEUR

———

Comme on le voit, les dispositions de la loi sont formelles, elles sont en même temps tutélaires. Nous ne saurions trop engager nos lecteurs à s'y conformer et à les respecter en tous points, ils s'éviteront ainsi de sérieux désagréments.

Ci-après, nous donnons le modèle de la déclaration exigée par les articles 12 et 13 de la loi précitée.

Tous les renseignements à porter sur cette déclaration, *qui est obligatoire*, seront pris sur le duplicata du certificat d'épreuve remis par le vendeur à l'acheteur d'une chaudière et que ce dernier doit toujours réclamer en prenant livraison.

Le bon entretien des appareils de sûreté joue aussi un grand rôle dans la question de sécurité et de dépense de vapeur, il est nécessaire d'y porter la plus grande attention.

En terminant, nous croyons utile de rappeler que les *Associations de propriétaires d'appareils à vapeur* visées dans l'article 3, qui fonctionnent dans plusieurs villes de France, Associations dirigées par des ingénieurs distingués, rendent d'excellents services par suite de la surveillance incessante qu'elles font exercer sur les générateurs appartenant aux membres de l'Association.

Nous conseillons beaucoup à nos lecteurs de faire partie de ces Associations dont ils apprécieront bientôt l'utilité.

MODÈLE DE DÉCLARATION

A FAIRE A LA PRÉFECTURE

POUR L'INSTALLATION D'UNE CHAUDIÈRE A VAPEUR (*)

le.............   *188*

> *Monsieur le Préfet*
>> *du département d*

J'ai l'honneur de vous déclarer que je viens d'installer dans mon lavoir une chaudière à vapeur de la force de...........

Cette chaudière a été construite dans les ateliers de M...

constructeur .... à   et à moi vendue par

M ....constructeur à

Cette chaudière est montée dans mon lavoir à

La forme de cette chaudière est

Sa hauteur est de ....

Foyer intérieur ... ...

Cheminée intérieure ....

Sa capacité totale est de

Sa surface de chauffe est de

Elle est timbrée à...   kilog. sous le numéro d'épreuve .

Cette chaudière est destinée à donner les éléments de mouvement aux diverses machines de mon lavoir.

Veuillez bien, Monsieur le Préfet, me donner acte de la présente déclaration et agréer mes civilités empressées.

Signature

(*) Cette déclaration doit être faite sur une feuille de papier timbré à 60 cent. Nous donnons ci-après l'adresse de MM. les Garde-mines.

Nous avons conseillé à nos lecteurs de se faire inscrire à l'Association des propriétaires de chaudières à vapeur, nous croyons qu'ils liront avec profit pour eux les prescriptions recommandées par l'éminent directeur de cette Association; nous les reproduisons ci-dessous :

ASSOCIATION PARISIENNE DES PROPRIÉTAIRES D'APPAREILS A VAPEUR (*)

INSTRUCTIONS

SUR LES MESURES DE PRÉCAUTION HABITUELLES A OBSERVER

DANS L'EMPLOI DES

CHAUDIÈRES A VAPEUR

OBSERVATIONS GÉNÉRALES

1º Le local des générateurs, les chaudières et tous les appareils qui en font partie doivent toujours être tenus en parfait état de propreté.

2º L'entrée du local des chaudières et de la chambre des machines est interdite à toute personne étrangère au service des appareils à vapeur; le local doit être tenu fermé pendant les heures de repos.

Le chauffeur ne doit jamais quitter son poste sans se faire remplacer.

3º Si une avarie quelconque se produit aux chaudières ou aux autres appareils, le chauffeur en informera immédiatement le propriétaire ou le directeur de l'usine.

(*) Cette Association fonctionne dans tous les grands centres industriels; à Paris, s'adresser 5, rue Royale.

CONDUITE DU FEU

4º Le chauffeur, dès son arrivée, vérifiera la hauteur de l'eau dans la chaudière. Si le niveau est bon, il allumera, ou, si les feux ont été couverts la veille, il ouvrira le registre en grand, puis la porte du cendrier et, quelques instants après, la porte de chargement.

Il décrassera ensuite et fera progressivement l'allumage.

5º L'allumage étant fait, le chauffeur chargera, toutes les dix à quinze minutes au moins, par petites quantités, en couvrant également toutes les parties de la grille. Il cassera la houille en morceaux de la grosseur du poing et ne laissera jamais, dans les foyers ordinaires, la couche de combustible dépasser une épaisseur de 0m12, si c'est de la houille, et 0m25 si c'est du coke.

Chaque fois qu'il ouvrira la porte du foyer, il fermera en partie le registre de la cheminée. Il maintiendra dans le cendrier une petite quantité d'eau.

6º Quand la grille, vue au-dessous, cessera d'être claire, il la décrassera par moitié en reportant successivement le bon combustible de chaque côté.

Pour décrasser, il fermera presque complètement le registre et profitera d'un moment où la pression peut descendre dans la chaudière sans inconvénient.

7º Le chauffeur maintiendra la pression nécessaire en ouvrant le registre aussi peu que possible.

Si la pression dépasse celle indiquée par le timbre, il alimentera en baissant le registre et n'ouvrira les portes du foyer qu'exceptionnellement.

DES APPAREILS DE SURETÉ

8º Une demi-heure avant l'arrêt, le feu sera ralenti ; au moment de l'arrêt le chauffeur couvrira la grille de cendres et de combustible mouillé et fermera le registre, la porte du foyer, puis celle du cendrier.

9º L'INDICATEUR DE NIVEAU A TUBE DE VERRE doit être placé en un point bien visible, bien éclairé et doit *toujours* fonctionner. Le chauffeur le purgera et le nettoyera plusieurs fois par jour, surtout si les eaux sont sales. Si le tube vient à casser, il doit être remplacé immédiatement.

10º LE FLOTTEUR, LE SIFFLET D'ALARME, LES ROBINETS DE JAUGE, doivent toujours fonctionner, ce dont le chauffeur s'assurera au moins une fois par jour.

11º LES SOUPAPES DE SURETÉ ne doivent être calées ni surchargées sous aucun prétexte. Le chauffeur les soulèvera légèrement au moins une fois par jour pour s'assurer qu'elles ne sont point collées.

Si les soupapes perdent, elles doivent être rodées au premier arrêt.

Si la perte a lieu sur une partie seulement du pourtour, le chauffeur vérifiera si le levier porte bien sur l'axe de la soupape et fera tourner celle-ci légèrement sur son siége, en ayant soin de ne jamais appuyer sur le levier.

12º LE MANOMÈTRE, comme le tube de niveau, doit être placé en un point de la chambre de chauffe bien visible et toujours bien éclairé. Le chauffeur purgera de temps en temps le tube qui le relie à la chaudière, en ayant soin de *ne jamais chasser toute l'eau qui se trouve dans le tube.*

ALIMENTATION

13º Les appareils d'alimentation doivent toujours bien fonctionner. La chaudière étant munie de plusieurs de ces appareils, le chauffeur en fera alternativement usage pour s'assurer de leur état.

14º Le chauffeur maintiendra toujours le niveau de l'eau dans la chaudière à la hauteur du trait réglementaire tracé sur la devanture.

Avant l'arrêt, il fera monter le niveau à une dizaine de centimètres au-dessus de cette ligne, pour n'avoir pas à alimenter le lendemain avant l'allumage.

15º Si, par suite d'une cause quelconque, le niveau vient à baisser au point que l'eau ne soit plus visible dans le tube de verre, le chauffeur jettera bas les feux, ouvrira en grand le registre et les portes du foyer et, après un quart d'heure seulement, il alimentera jusqu'à ce qu'il ait ramené l'eau au niveau normal.

Ce fait ne se présentera pas si le flotteur et le sifflet d'alarme sont tenus en bon état.

NETTOYAGE

16º Pour vider la chaudière, on y maintiendra une pression de un kil. environ pour faire évacuer toute l'eau. Avant d'ouvrir les bouilleurs le chauffeur lèvera les soupapes.

17º Les chaudières et les réchauffeurs, s'il y en a, seront arrêtés pendant un temps assez long pour que l'accès de toutes les parties soit possible et que les nettoyages intérieurs et extérieurs puissent être faits convenablement.

Si l'accès ou le nettoyage de certaines parties n'est pas possible, le chauffeur en préviendra le chef de l'établissement.

18° Les tôles et toutes les parties métalliques seront raclées et brossées extérieurement avec le plus grand soin.

Les carneaux seront complètement débarrassés des cendres et des suies.

19° Le nettoyage intérieur sera fait assez fréquemment pour que les dépôts ne soient pas adhérents. Si cependant un piquage était nécessaire, on emploiera des outils à tranchants arrondis et sans angles vifs, en ménageant surtout les joints.

Après l'enlèvement des boues, les chaudières, bouilleurs et réchauffeurs seront lavés à grande eau.

20° Le chauffeur chargé de surveiller le nettoyage de la chaudière dont il a la responsabilité, s'attachera particulièrement aux points suivants :

a. Il visitera avec soin le tuyau d'alimentation et le débarrassera complètement des incrustations qu'il renferme presque toujours.

b. Il examinera s'il n'existe pas des fuites aux différentes clouures tant de la chaudière que des réchauffeurs.

c. Il sondera avec soin au marteau toutes les tôles et principalement celles du coup de feu et celles qui avoisinent l'entrée de l'eau d'alimentation, qui se corrodent souvent assez rapidement.

d. Il vérifiera si tous les sommiers et supports de la chaudière portent bien ; sinon il les calera.

e. Il vérifiera si le niveau à flotteur fonctionne bien, si sa tige est bien droite et est bien réglée comme longueur, c'est-à-dire l'eau étant à son niveau normal, si l'aiguille se trouve bien au zéro de l'échelle ou si le levier est bien horizontal.

f. Il s'assurera si les tuyaux qui relient le niveau à tube et le manomètre à la chaudière ne sont pas bouchés, et si l'aiguille du manomètre est au zéro.

g. Enfin, il examinera avec soin les soupapes et les rodera s'il est nécessaire.

REMARQUES DIVERSES

21° Les robinets d'eau ou de vapeur seront toujours ouverts ou fermés très-lentement.

22° La partie supérieure du massif des chaudières doit être protégée avec le plus grand soin contre l'humidité.

S'il se produit en marche, à la tuyauterie, des fuites qui ne peuvent être réparées immédiatement, le chauffeur placera en-dessous un vase destiné à recevoir l'eau qui en coule.

23° Dans les établissements à marche continue, le chauffeur qui reprend le service doit s'assurer que tous les appareils sont en bon état de fonctionnement.

LE DIRECTEUR DE L'ASSOCIATION

MAURICE JOURDAIN.

SERVICE DES APPAREILS A VAPEUR

Ingénieur en chef des Mines
M. WICKERSHEIMER, 15, Rue Vauquelin, Paris

LISTE DE MM. LES GARDE-MINES, A PARIS

1er, 2e, 3e, 4e, 8e, 9e, 16e, 17e, 18e Arrondissements
M. TOURNEUR, 29, Rue de l'Abbé-Grégoire

5e Arrondissement
M. HANOY, 6, rue Flatters

6e et 14e Arrondissements
M. MOREL, 11, Quai Bourbon

7e et 15e Arrondissements
M. ODE, 103, Boulevard Voltaire

10e, 11e, 12e, 19e et 20e Arrondissements
M. HERVIER, 37, Rue de Bagnolet

13e Arrondissement
49e & 50e Quartiers : M. HANOY
51e & 52e   id.   : M. MOREL

TABLE DES MATIÈRES

PARIS. — IMP. WATELET, 55, BOULEV. EDGAR QUINET, 55

www.ingramcontent.com/pod-product-compliance
Lightning Source LLC
Chambersburg PA
CBHW071502200326
41519CB00019B/5840